机器人柔顺控制技术精解与工程实践

段晋军 王政伟 ◎编著

清华大学出版社
北京

内容简介

柔顺技术可使机器人具备复杂环境中的稳定接触式作业能力，但该技术从理论到实践的应用隔阂成为阻碍众多机器人从业者的研究难题。针对该难题，本书结合作者长期的一线技术研发与实际工程经验，聚焦于机器人柔顺控制领域，系统地梳理了柔顺技术背后的控制理论及工程实践方法，介绍了机器人柔顺控制的经典实践案例及最新应用情况。全书包含5章，主要内容包括机器人柔顺控制应用现状及难点分析、机器人柔顺控制方法及基本理论、机器人柔顺控制技术的核心算法、机器人柔顺控制系统设计与实现及机器人柔顺控制典型应用工程实践。

本书可作为机器人工程、机械电子工程、电气工程、电子工程、自动控制等专业的本科生、硕士生或博士生及理工科大学教师的教学参考书，也可供从事机器人和自动化设备或生产线等应用开发工作的研发人员或相关工程技术人员学习和参考。

版权所有，侵权必究。举报：010-62782989，beiqinquan@tup.tsinghua.edu.cn。

图书在版编目(CIP)数据

机器人柔顺控制技术精解与工程实践/段晋军，王政伟编著. -- 北京：清华大学出版社，2025.6. -- ISBN 978-7-302-69456-4

Ⅰ．TP24

中国国家版本馆CIP数据核字第20256TP081号

责任编辑：杨迪娜
封面设计：杨玉兰
责任校对：王勤勤
责任印制：宋　林

出版发行：清华大学出版社
网　　址：https://www.tup.com.cn，https://www.wqxuetang.com
地　　址：北京清华大学学研大厦A座　　邮　编：100084
社 总 机：010-83470000　　邮　购：010-62786544
投稿与读者服务：010-62776969，c-service@tup.tsinghua.edu.cn
质量反馈：010-62772015，zhiliang@tup.tsinghua.edu.cn

印 装 者：大厂回族自治县彩虹印刷有限公司
经　　销：全国新华书店
开　　本：185mm×260mm　　印　张：6.5　　字　数：161千字
版　　次：2025年7月第1版　　印　次：2025年7月第1次印刷
定　　价：59.00元

产品编号：099169-01

前言

机器人自诞生伊始即受到世人的广泛关注,相关学科的建立亦成为人类科学技术的重大成就。在人类的引导下,机器人尽职尽责地为人类服务,在长期的人机共融过程中已然成为帮助人类文明向自动化、智能化转变的关键"法宝"。第四次工业革命的时代帷幕即将拉开,人类将携手机器人这一得力助手,探索智能未来。

目前,机器人已在工业、航空航天、深海探测、医疗康复等高精尖领域中崭露头角,在灵活空间的运动作业中的应用已经极为成熟。而要想进一步适应智能时代的要求,机器人必须拓展服务人类场景的适应性,具备与外部复杂环境进行接触式作业的能力。机器人接触式作业的深度研究以及相关柔顺控制技术的发展势在必行。

对于许多国内机器人行业从业者而言,机器人柔顺控制技术显得有点神秘,其技术理论与良好的应用效果之间存在隔阂,人们一直希望获得一些详细、清晰、准确、可靠的柔顺控制技术参考资料,助力国内机器人接触式作业的发展。本书基于作者长期的一线实际研发与实际工程应用经验,从控制理论出发,面向机器人复杂接触式场景,致力于将机器人柔顺控制的理论与实践工作融会贯通,为相关专业的研究学者提供机器人柔顺控制的理论介绍与实践参考方案。本书并不拘泥于理论层面的严密分析,而是更多地站在一个实践应用者的角度对机器人柔顺控制技术进行剖析,以通俗易懂的语言为读者揭开机器人柔顺控制技术的神秘面纱。

全书包含 5 章,主要内容涉及 3 方面:机器人柔顺控制理论、机器人柔顺控制算法及机器人柔顺控制工程实践。第 1 章从当前的机器人应用场景引入,对柔顺控制的技术难点进行了剖析;第 2 章聚焦于理论基础,介绍了当前最普适的柔顺控制理论与思路;第 3 章在第 2 章的基础上介绍了当今主流的柔顺控制算法与实现原理,设计的柔顺算法为解决实际应用难题提供了范式;第 4 章与第 5 章分别从系统设计与实现、典型应用实践两方面详细介绍了柔顺控制技术的应用案例。

编写过程中,宾一鸣和田威教授撰写了部分章节并审阅了书稿,还从内容组织和教学的角度给予了指导。崔坤坤、张思文、杜亭燕、孙伟栋、姜锦程、郭安、吴晨冬、于衍钊、王明鑫等协助整理。南京航空航天大学的吴洪涛教授、陈柏教授、王灵禹博士等对本书的编写提出了宝贵意见和建议,在此深表感谢。

机器人柔顺控制技术是一类应用广泛、实践性强的控制技术,将随着时代的进步不断更新与完善。限于作者的研究水平和实践经验,书中难免存在缺漏之处,希望广大读者批评与指正。

目 录

第 1 章 机器人柔顺控制应用现状及难点分析 ········· 1

1.1 机器人为什么需要柔顺控制技术 ········· 1
1.2 柔顺控制在多领域的应用现状 ········· 3
  1.2.1 拖动示教应用 ········· 3
  1.2.2 抛光打磨应用 ········· 4
  1.2.3 曲面探伤应用 ········· 5
  1.2.4 工业装配应用 ········· 5
  1.2.5 外骨骼机器人应用 ········· 6
  1.2.6 仿生腿足机器人应用 ········· 6
  1.2.7 机器人末端执行夹爪 ········· 7
1.3 柔顺控制在工程实践中的难点剖析 ········· 7
  1.3.1 力觉感知：传感器应用难题 ········· 7
  1.3.2 执行机构：机器人系统指令难题 ········· 8
  1.3.3 机器人控制器技术壁垒 ········· 8

第 2 章 机器人柔顺控制方法及基本理论 ········· 9

2.1 柔顺控制技术概述及方法分类 ········· 9
2.2 被动柔顺控制及基本理论 ········· 10
2.3 主动柔顺控制及基本理论 ········· 11
  2.3.1 间接力控制方法 ········· 11
  2.3.2 直接力控制方法 ········· 14

第 3 章 机器人柔顺控制技术的核心算法 ········· 15

3.1 阻抗控制的动力学解析 ········· 16
  3.1.1 机器人动力学建模 ········· 16
  3.1.2 机器人动力学参数辨识 ········· 20
  3.1.3 基于动力学的阻抗控制 ········· 29

3.2 混合位置/力控制 ……………………………………………………………… 31
  3.2.1 自然约束和人工约束 ………………………………………………… 31
  3.2.2 混合位置/力控制器 …………………………………………………… 32
3.3 导纳控制 ………………………………………………………………………… 34
  3.3.1 机器人负载辨识算法与重力/惯性力补偿算法 …………………… 35
  3.3.2 自适应变导纳控制算法 ……………………………………………… 41
3.4 满足机器人柔顺控制要求的轨迹规划算法设计 ………………………… 43
  3.4.1 非均匀有理 B 样条曲线及其在柔顺控制中的应用 ……………… 43
  3.4.2 融合 T 型＋NURBS 的位置速度规划及 Squad 多姿态插补规划 …… 48
3.5 机器人柔顺控制算法仿真实验 ……………………………………………… 50

第 4 章 机器人柔顺控制系统设计与实现 ……………………………………… 57
4.1 机器人柔顺控制系统平台概述 ……………………………………………… 57
  4.1.1 机器人柔顺控制实时操作系统 ……………………………………… 58
  4.1.2 典型机器人柔顺控制硬件平台 ……………………………………… 61
4.2 机器人力控制器设计与实现 ………………………………………………… 64
4.3 力感知传感器工作原理 ……………………………………………………… 65
  4.3.1 六维力传感器 ………………………………………………………… 65
  4.3.2 关节力矩传感器 ……………………………………………………… 67
4.4 机器人柔顺控制系统实现 …………………………………………………… 69

第 5 章 机器人柔顺控制典型应用工程实践 …………………………………… 71
5.1 机器人牵引示教与弹簧特性 ………………………………………………… 71
5.2 基于力反馈的动态实时轨迹跟踪 …………………………………………… 75
  5.2.1 机器人自由空间轨迹跟踪实现 ……………………………………… 75
  5.2.2 机器人任务空间恒力跟踪实现 ……………………………………… 78
5.3 面向复杂曲面的恒力跟踪策略/解析 FCPressNURBS 指令 …………… 78
5.4 机器人柔顺精密装配工程实践 ……………………………………………… 82
  5.4.1 柔顺装配实践分析 …………………………………………………… 82
  5.4.2 单臂机器人柔顺装配验证 …………………………………………… 86
  5.4.3 双臂机器人柔顺装配验证 …………………………………………… 89

第1章

机器人柔顺控制应用现状及难点分析

章节导读

在当今社会产业信息化、智能化变革的大背景下,机器人在社会中的地位越发重要。柔顺控制作为机器人技术中的一项关键技术,在机器人的多领域应用中发挥重要作用。本章将分3节对机器人柔顺控制的应用现状及应用难点进行分析,1.1节引入机器人柔顺技术,并通俗易懂地阐述了机器人为什么需要柔顺控制技术;1.2节将机器人柔顺控制技术在多领域的应用现状进行了概述,希望与读者一同探讨柔顺控制技术在未来的应用;1.3节则针对上述应用场景中存在的柔顺控制技术难点进行了剖析。笔者希望从工业中的实际问题出发,抽象出一些机器人柔顺控制中存在的问题与难点,为后续章节的理论讲解提供背景支撑。

本书可作为机器人工程、机械电子工程、电气工程、电子工程、自动控制等专业的本科生、硕士生或博士生以及理工科大学教师的教学参考书,也可供从事机器人和自动化设备或生产线等应用开发工作的研发人员或相关工程技术人员学习和参考。参考文献内容可扫描书后二维码下载。

1.1 机器人为什么需要柔顺控制技术

接触是人类对外界环境进行感知的必要手段。在这个世界上,接触行为存在于古今人类方方面面的活动中,从农夫的田间劳动到小巷工坊中匠师的日雕月琢,再到市民的衣食住行……人类通过接触感知自然,主观意愿在接触中向外界传递;自然界在人类的接触中被不断改造,满足人类对美好生活的追求。

先进的生产力是推动人类社会发展的核心动力。在社会发展过程中,为减轻人的体力劳动负担,人类发明了更便利的工具、更高效的机器,采用更先进的生产技术,帮助人类更高效地完成接触式作业任务。历经数次工业革命,人类社会已实现从手工制造到机器生产的根本性转变,生产效率得到了极大提升。人类的生产方式、生活方式和社会结构已发生深刻改变，社会正呈现全球化趋势。

随着工业4.0时代的到来，在社会产业信息与智能化变革的浪潮中，机器人行业正如火如荼地发展，展现出无限的潜力和广阔的应用前景。机器人是信息社会的关键执行终端，其在实际应用中的性能表现直接影响社会的运行效率；机器人智能化水平的提升标志着新时代前沿技术的融合与创新，为人类社会描绘了更智能、更便捷、更美好的生活图景。

如今，各类机器人产品如雨后春笋般诞生，机器人技术正以前所未有的速度改变着世界的面貌，应用范围已拓展至生产活动的方方面面，在航空航天、工业生产等领域发挥重要作用。如图1-1(a)所示，中国空间站机械臂已在舱外完成了部署，其不仅可执行空间站实验舱的移动及对接任务，还能辅助宇航员完成出舱活动；如图1-1(b)所示，汽车生产流水线机械臂可高效地完成汽车车身的制造任务，成为自动化工厂生产线的重要组成部分。在上述场景中，机器人能够沿着既定的轨迹完成作业，不仅具备对与外界环境接触力的精准感知能力，还可根据任务要求输出相应的作业力，其背后的运动/力作用规律及实现方法令人称奇。

(a) 中国空间站机械臂　　　　　　　　　(b) 汽车生产流水线机械臂

图1-1　从事生产活动的机器人

在一些场景中，我们希望机器人能具备"如臂使指"的接触运动能力与力输出能力，即机器人末端可根据错综复杂的作业与任务要求实现精准力跟踪及轨迹跟踪效果，这对具有经典刚性结构的机器人而言并非易事。机器人的末端运动轨迹通常由各关节运动耦合形成，在其连杆质量、重力及摩擦等复杂因素影响下，机器人在接触式行为中的作业任务轨迹及外力输出精度将受到极大影响。研究机器人的柔顺控制技术，保证其末端在任务操作时具有足够的力跟踪与轨迹跟踪精度，是研究机器人接触式作业控制的必然要求。

此外，机器人的机械结构与外部环境的刚性接触同样对其控制系统的稳定性带来了挑战。从人类的角度来看，人臂的皮肤、肌肉、骨骼及关节等生理构造使人类可轻松完成多类接触任务，但典型的机器人却并不具备这样的优势。与人臂的不同之处在于，机器人的多连杆刚体结构虽然为其带来了强大的负载能力，却也制约了其在接触式任务中表现出顺应特性。在机器人与外部环境的刚性接触场景中，在接触方向上的轻微位置扰动误差可能为机器人带来极大的外部力，严重时可以引发碰撞损伤、系统失稳等危险，为机器人在接触式场景中的应用带来极大挑战。

随着智能时代的来临，机器人将在人类生活中进一步普及，在更广泛的接触场景中应用。为应对上述机器人技术挑战,攻克接触应用中的工程难题,领域内的学者提出了柔顺控制技术,通过探究机器人与外部环境的交互及控制策略,在实际应用的复杂接触环境中克服轨迹跟踪不精、接触力控制不准等困难,使机器人在实际接触式任务中表现出柔顺特性,避免刚性接触给机器人或作业目标带来的碰撞损伤。从机器人的智能控制层级而言,柔顺控制技术构成了任务执行层的核心环节,其控制效果支撑着上层复杂的机器人智能控制体系,对机器人技术的智能成果应用落地具有重要意义。

1.2　柔顺控制在多领域的应用现状

柔顺控制技术的部署使得机器人具备了柔性接触式作业能力,使机器人掌握人类熟练作业技巧成为可能,还确保了机器人在各类活动场景中的接触安全性与稳定性。当前,柔顺控制技术的应用场景可大致分为现代工业应用场景与生活协作应用场景,本节主要介绍了一些典型应用案例。

1.2.1　拖动示教应用

焊接是工业中常见的金属加工工艺,机器人可取代人类在生产线上完成大批量、柔性化的工件焊接任务。在此工艺中,机器人工程师需要根据焊缝的几何表征设计机器人在空间中的作业路径,并采用示教模式为机器人提供焊接关键点的空间信息。在传统的点动示教模式下,工程师常常需要在移动机器人与观察位姿的行为中不断反复,为机器人示教焊接关键点的过程显得烦琐而低效。如图 1-2 所示,通过在焊接机器人系统中引入柔顺控制技术,人类与机器人之间形成了良好的协作关系;机器人对人类的拖曳行为做出实时高精度响应,实现了感知并顺应人类意图的运动效果。机器人工程师可根据焊接的工艺要求灵活拖动机器人到达理想的作业点位,焊接作业的示教过程变得高效、快捷。

图 1-2　安川焊接机器人的拖动示教模式

1.2.2 抛光打磨应用

在工业生产中,由于制造过程中存在工艺一致性及精度误差,金属部件经过切削、焊接、浇铸、冲压、热处理等工艺后,产品仍存在飞边、毛刺等表面质量问题,对铸件的外观及产品性能有较大影响。常见的表面处理方法有抛光、打磨、去毛刺等后期工序,而传统的人工作业模式难以控制工件加工表面的一致性,充满噪声和粉尘的工作环境还将对工人的身体健康造成极大影响。利用机器人完成上述的表面处理工序,可在提升产线自动化水平与工序作业质量的同时降低作业成本,是满足现代工业产线的柔性化制造需求的重要选择。

经典的打磨场景中,如图 1-3 所示,机器人末端安装刚性工具对复杂型面的工件表面进行打磨处理,打磨工艺通常包含对机器人的打磨力、打磨速度的参数要求,需要在打磨过程的复杂扰动环境中保持打磨参数的稳定、可控。在柔顺控制技术的加持下,机器人得以在复杂曲面上完成稳定地贴合,并在曲面法向上维持稳定的打磨力,保障工件表面质量的一致性。

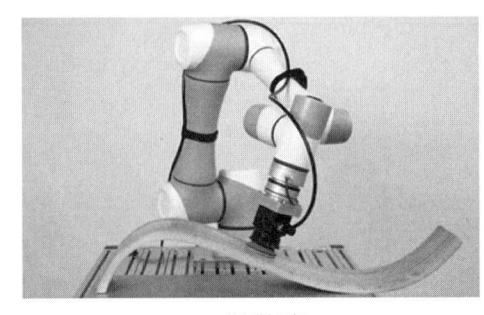

(a) 曲面打磨　　(b) 不连续表面打磨

图 1-3　KUKA 打磨机器人

去毛刺的作业要求与打磨工艺略有不同。如图 1-4 所示,以汽车轮毂为例,其毛坯型面边缘存在因加工产生的锐利毛刺,需要通过修边器、毛刺切刀等工具对其进行修边处理。在去毛刺过程中,机器人与作业表面之间的切削力由工具运动方向上的切向力与接触面的法向力耦合而成。对工艺质量控制而言,去毛刺作业比打磨工艺更具挑战性。

图 1-4　ATI 去毛刺机器人

1.2.3 曲面探伤应用

地铁列车的振动容易使其转向架的构架焊缝出现疲劳裂纹,探伤时需要将构架拆解后返厂作业;工厂对构架采取人工探伤检修方法,整个过程耗时耗力。针对该行业痛点,新型的探伤机器人在末端安装了电涡流传感器、三维视觉传感器等探伤工具,如图1-5所示,以移动作业平台为载体,对列车结构进行全方位接触式探伤作业。在柔顺算法的控制下,探伤机器人在接触探伤时可保持柔顺接触特性,既可保证复杂构架曲面上电涡流传感器的稳定贴合效果,又能保证列车的转向构架漆面完好无损。探伤机器人的出现降低了列车构架检测的劳动强度,实现了探伤作业的效率提升。

图 1-5 曲面焊缝探伤机器人

1.2.4 工业装配应用

随着制造业的自动化转型升级,机器人正逐步走向产线代替人力完成产品的装配任务。如图1-6所示,机器人能够以灵活的位姿调整运动以适应多样化的装配对象,在装配领域具有广阔的应用前景。从装配过程控制的角度而言,传统机器人以离线编程示教的方式完成装配任务,简单的以位置控制的机器人装配方式无法满足高精度和非结构化场景的装

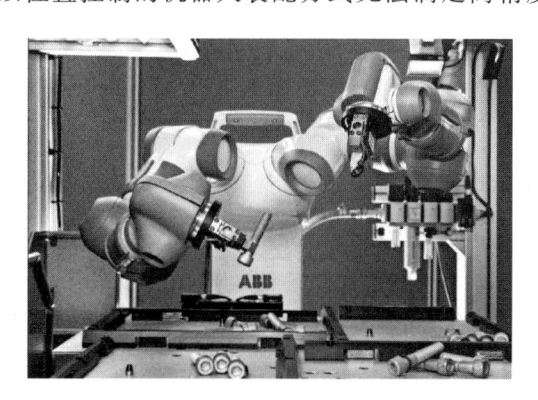

图 1-6 ABB 装配机器人

配需求。位置控制模式下,机器人无法与环境进行交互,对装配运动中的误差容许度较低,由此引发的环境刚性接触可能会为机器人末端带来较大的作用力,为装配对象及机器人带来损伤风险。柔顺控制技术使机器人能够在装配运动中实时调整机器人与环境的接触关系,保证装配零件的状态安全、可控。目前,柔顺控制技术可应用于汽车部件、电子元件、软管线束及航空航天器等精密设备的装配场景中,在高端装配领域的作用越发凸显。

1.2.5 外骨骼机器人应用

我国存在大量因伤病导致的运动障碍人群,需要采用人力或机械设备辅助进行康复训练。外骨骼康复机器人的诞生为运动障碍人士带来了福音,目前正逐步在康复市场推广并应用,一般具有集成程度高、多传感反馈及运动功能多样等特征,能够适应并顺应人类多样的个性化运动模态。如图 1-7 所示,以下肢康复机器人为例,在柔顺控制技术的加持下,机器人可通过关节运动传感器及力传感器感知康复人员运动意图,并提供额外的辅助运动力矩,帮助运动障碍人士实现正常行走过程中的膝关节自然屈伸。

图 1-7 傅里叶智能下肢康复机器人

1.2.6 仿生腿足机器人应用

自然界中的腿足动物对环境具有更好的适应性,可在各种复杂地形中灵活穿梭,为赋予机器人更强的运动能力,人类向自然界学习并仿制了腿足机器人。如图 1-8 所示,目前典型的腿足机器人可大致分为四足机器人与人形机器人两类。从应用角度而言,前者可广泛应用于空间探测、军事作战及消防巡检等领域;后者则可进入人类的工作与生活场景,扮演人类的智能化帮手,为复杂的任务提供了一种通用的解决方案。腿足机器人可在各类环境中越障,机器人足端与地面碰撞产生冲击力时,柔顺控制技术可维持足端与地面的稳定柔顺交互效果,实现全方位的灵活移动,在复杂、危险场景中执行既定任务。

(a) 宇树Go2四足机器人　　(b) 宇树H1通用人形机器人

图 1-8 宇树 Go2 四足机器人和 H1 通用人形机器人

1.2.7 机器人末端执行夹爪

为拓展现阶段机械臂形机器人的任务操作能力,仿人机械手受到越来越多机器人从业者的关注。如图 1-9 所示,机器人灵巧手作为人类活动肢体的有效延伸,能够完成灵活、精细的抓取操作,成为机器人领域的热门研究方向。对具有冗余构型的灵巧手而言,其各个关节一般通过直流电机驱动,采用对关节电机进行电流估计的方法可实现关节空间的柔顺控制效果。此外,人类在控制手指夹持物体时需要保持物体的形状,避免夹持力对物体造成损伤,这对机器人的柔顺控制技术而言是最自然的日常应用场景;在机械手指端集成的小型力传感器将帮助机械手手指实现更敏锐的力感知能力与触觉能力,在其中部署柔顺控制算法可使机械手进一步实现精准抓取等灵巧作业操控。

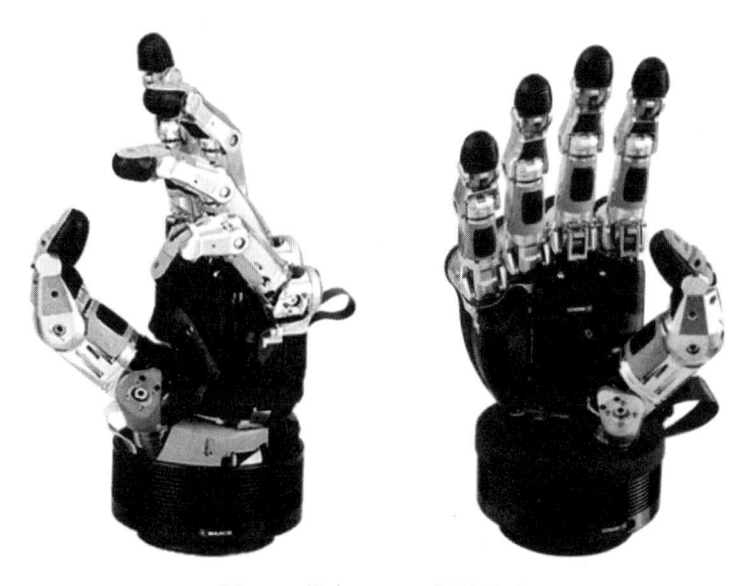

图 1-9 雄克 SVH 五指灵巧手

1.3 柔顺控制在工程实践中的难点剖析

柔顺控制技术为机器人接触型作业提供了有效的技术手段,但在将该技术部署于实际场景时,人们时常在部署过程中遇到困难。笔者基于多年的机器人柔顺控制工程经验,分别从力觉感知、执行机构及技术壁垒等方面,对国内机器人柔顺控制技术存在的实践难点进行了总结。

1.3.1 力觉感知:传感器应用难题

对外部环境接触力的精准实时感知是柔顺控制技术的必要前提,人们通常采取在机器人末端或关节安装力/力矩传感器的方式实现力感知效果。然而,目前国内传感器技术多用于军工/航天领域,未形成较大应用市场,针对机器人设计的力传感器市场尚未成熟;国外品牌(如美国 ATI、德国 SCHUNK 及加拿大 Robotiq 等)的成熟产品存在设备售价高昂等问题,限制了机器人柔顺控制技术的市场化推广。

从传感器的应用技术角度而言,为实现机器人对末端受力的精准感知效果,需要通过补偿算法来消除末端负载的重力/惯性力影响;为抑制感知力的信号波动,传感器还需要搭配相应的数据平滑滤波算法,该类算法需要工程人员自行研究与开发。对可装备于机器人关节的力矩传感器而言,在机器人有限空间内进行设备集成也并非易事,给机器人在关节空间部署柔顺控制技术带来困难。

1.3.2 执行机构:机器人系统指令难题

机器人柔顺作业效果的实现依赖其系统控制器中的力控指令,但目前此类指令对机器人用户的开放程度有限,受到各大机器人厂商的严格保护。市面上虽然已有成熟的机器人力控指令包[如 KUKA 公司的 ForceTorqueControl 指令 RSI(robot sensor interface)接口、ABB 公司的 FCPress 指令 EGM(externally guided motion)接口等],但其通常会作为有偿服务的一部分,用户需要向厂商支付额外的费用以获取该指令。此外,厂商开发的现成力控指令集往往不能实际落地部署,需要通过进一步的项目研发以将指令集与实际工程需求进行匹配,才可支撑复杂的工艺要求。

当工程师试图自行开发力控指令集时,机器人的控制器开放程度不足就成为工程二次开发的最大阻碍。国外的机器人产品大部分不向用户开放底层控制接口,仅为用户提供有限的非实时运动指令功能,系统无法匹配力传感器读取到的环境力信息,机器人不能对力信号做出实时响应,是当前机器人工程师开发与部署柔顺控制技术时面临的难题。

1.3.3 机器人控制器技术壁垒

解决力传感器及机器人系统指令难题需要深厚的机器人技术基础,需要机器人控制器底层架构的完备技术积累以及对相应传感器技术的准确理解。从技术进步的规律来看,从将柔顺控制理论方法转化为可落地的工程算法到在现有的机器人产品中进行技术部署,再到满足多种柔顺接触场景的适配要求,这一过程需要工程人员的大量研发投入。虽然国内机器人产业已有了长足发展,但受制于前文提到的工程实践难题,真正能掌握力控核心技术并将其在复杂工程场景普适化推广的高校和企业仍然屈指可数;行业中存在柔顺控制的技术壁垒,机器人在接触式任务中的推广与应用仍存在较高技术门槛。

第2章

机器人柔顺控制方法及基本理论

章节导读

机器人在运动空间中具有相当的位置伺服刚度及机械结构刚度，与外界环境进行接触式作业时，我们需要采取相应策略控制机器人以合适的位姿对外部产生特定的作用力，并在其运动过程中表现出接触运动的柔顺性，以保证作业过程的安全与稳定。本章将重点从原理出发，详细介绍柔顺控制方法及基本理论。区别于其他文献，2.1节将引领读者从实际需求的角度总结并分析当下具有普遍性的柔顺控制技术，并针对具体应用要求进行方法分类；2.2节则开始从启发性思路到抽象化原理迈进，剖析了被动柔顺控制技术的基本原理，并对近年来部分被动柔顺控制理论的发展情况进行了总结；2.3节是本章重点，笔者结合长期在机器人控制研究一线工作的经验，讲解了主动柔顺控制基本理论，包括2.3.1小节的间接力控制方法与2.3.2小节的直接力控制方法。笔者希望通过本章的讲述，构建一个相对完整的柔顺控制理论知识体系。

2.1 柔顺控制技术概述及方法分类

机器人稳定接触式作业的基本要求是机器人能够正确处理与环境之间的物理接触，根据受力情况的变化做出调整与响应。单纯的运动控制无法满足接触式作业要求，这是因为工程人员无法完全消除建模误差，其在受力方向的位置误差可能使接触力急剧上升，最终导致机器人与环境交互时系统失稳。

面对上述问题时，人们自然地联想到通过力感知与力控制的方法实时调整机器人。在不具有机器人所接触环境的精确模型的前提下，工程人员将注意力集中于末端执行器的顺应性行为，通过建立机器人末端与外界环境之间的理想接触模型以实现对接触力的稳定、精准控制。

一般来说，根据对接触力的控制方式，柔顺控制方法可大致分为被动柔顺控制和主动柔顺控制。下面分别对被动柔顺控制和主动柔顺控制的基本理论进行介绍，并对这些控制算法在工程应用中的优缺点进行分析。

2.2 被动柔顺控制及基本理论

被动柔顺控制的原理是通过一些柔顺控制装置，使机器人与环境接触作用时，对作用力产生一定的自然顺从。被动柔顺控制在机器人作业时起到补偿位置误差、稳定末端接触力、增加加工柔顺性的作用。被动柔顺即通过机器人自身固有的柔性环节（如柔性连杆、柔性关节或柔性末端执行器），使机械装置在与外界环境接触时，由于刚柔结构间的作用力，促使机器人末端执行器的轨迹得以被动地自然修正。被动柔顺控制由于力控制和位置控制解耦，比主动柔顺控制更易实现，且对机器人精度要求较低，工程性价比更高，易于在工程场景中部署，在工业打磨、装配及去毛刺等场景中应用广泛。

微偏心柔顺（remote center compliance，RCC）装置是一种典型的柔性机械环节，较多地应用于机器人装配作业场景中。RCC 装置如图 2-1 所示，其中包括移动部分和旋转部分，当受到力或力矩作用时，RCC 装置发生偏移变形和旋转变形可以吸收横向误差和角度误差。RCC 装置本质上等于一个多自由度的弹簧，设计时通过设置弹簧的刚度可以得到不同大小的装置柔性，从而满足不同接触场景任务的接触需求。

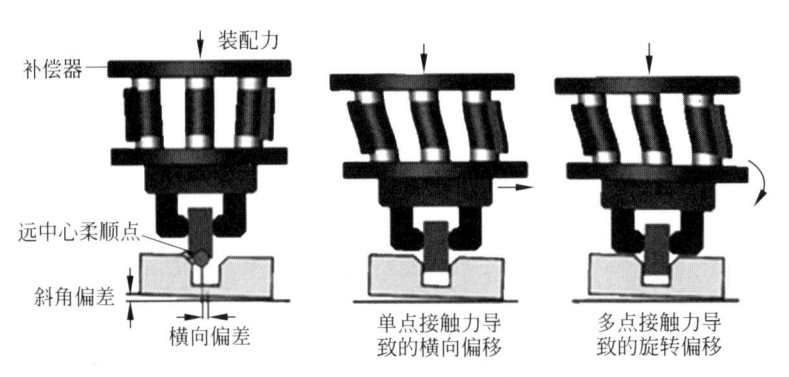

图 2-1　RCC 装置平面示意图

从被动柔顺控制的特点来看，该控制方法的优缺点均十分明显。其优势在于，该方法不需要安装力/力矩传感器即可实现机器人的柔顺接触效果，控制成本相对较低。此外，通过机械装置实现的柔顺效果具有更好的稳定性，其响应速度远快于计算机控制算法的系统响应速度。然而，由于其控制效果依赖于柔性机械装置，在多变的工业作业环境中缺乏灵活性，常常需要针对每台机器人及其对应任务设计专用的柔性机械装置。从面向力控环境变化的宽容度角度而言，由于结构尺寸限制，柔性机械装置通常只能处理较小范围内的位置和姿态轨迹偏差。此外，由于缺少力感知环节，该装置缺乏接触环境突变、接触力陡增等突发状况的应对措施，存在一定的安全风险。

2.3 主动柔顺控制及基本理论

在主动柔顺控制方法中,工程师们将目光聚焦于控制系统的设计,通过所设计的控制模型的性能、外力感知的准确性,以及力控制器响应的实时性来共同保障机器人的柔顺效果。主动柔顺控制方法的优点十分突出,通过设计更具通用性的控制器架构,主动柔顺控制方法具有对外力的感知能力、更好的宽容度,以及更灵活的多自由度柔顺能力,可以克服前文提到的被动柔顺控制的缺点。

主动柔顺控制是通过安装在机器人上的力传感器,或者通过检测关节电机的输出力矩,对机械臂与环境的相互作用力进行在线即时测量,并通过实际作用力与理想作用力的误差对机械臂的运动轨迹做实时的修正,从而达到对机器人运动路径的闭环控制。常见的力/扭矩传感器可安装在机器人的末端以感知末端接触力信息,或通过关节上的力矩传感器进行间接计算与读取。在精准力感知效果的工程实现过程中,前者需要对安装在传感器和环境之间的工具重量及惯性进行补偿,补偿后可获得较高的力感知精度;而后者的感知效果常常受制于机器人动力学模型的精度,复杂的动力学建模及辨识过程为该感知方法带来了更多的技术挑战。

从力控模型到感知算法,主动柔顺控制需要机器人工程师在算法开发方面投入更多,面向工程需求开展系统设计与大量的性能测试,才可获得稳定的任务执行速度和柔顺控制效果。目前,主动柔顺控制算法根据控制对象的不同可大致分为直接力控制方法和间接力控制方法两种。直接力控制方法是在控制环中显式地基于力反馈环直接对力/力矩进行跟踪,而间接力控制方法则基于力反馈值调节运动以实现力控效果。直接力控制方法以其直接性和快速响应能力在需要高精度力控制的场合中表现出色,而间接力控制方法则以其灵活性和适应性在复杂动态环境中展现出独特的优势。

2.3.1 间接力控制方法

间接力控制方法不直接对力/力矩进行跟踪,而是基于力反馈信号调节运动控制参数(如速度、加速度或位置)来间接达到控制力的目的。这种控制方法可以使机器人表现出更多样的接触特性,适应更广泛的控制系统,满足更多的任务需求。常见的间接力控制方法包括刚度控制、阻抗控制及导纳控制等,本小节将对这些常见方法进行逐一介绍。

1. 刚度控制

刚度控制的思想可形象地理解为式(2-1)所示的比例-微分控制率。

$$\boldsymbol{f}_c = \boldsymbol{A}^{-\mathrm{T}}(\boldsymbol{\varphi}_e)\boldsymbol{K}_p \Delta \boldsymbol{x}_{de} - \boldsymbol{K}_d \boldsymbol{v}_e + \boldsymbol{\eta}(\boldsymbol{\theta}) \tag{2-1}$$

式中,$\boldsymbol{K}_p$ 为比例系数矩阵,$\boldsymbol{K}_d$ 为微分系数矩阵;$\boldsymbol{f}_c$ 代表机器人末端的指令六维力,下标 c 代表指令值;下标 e 代表机器人末端坐标系;$\Delta \boldsymbol{x}_{de}$ 代表六维位姿偏差,$\boldsymbol{v}_e$ 代表六维位姿的速度,$\boldsymbol{\eta}(\boldsymbol{\theta})$ 为与机器人关节角度 $\boldsymbol{\theta}$ 相关的重力项。$\boldsymbol{\varphi}_e$ 为机器人末端的实际姿态,通常用欧

拉角进行表达；对于末端姿态量，由于欧拉角导数 $\dot{\boldsymbol{\varphi}}_e$ 与机器人在空间中的实际角速度 $\dot{\boldsymbol{\omega}}_e$ 存在差异，引入 $\boldsymbol{A}(\boldsymbol{\varphi}_e)$ 映射矩阵进行衔接，其构成如式(2-2)所示。在式(2-2)中，$\boldsymbol{I}$ 为三维单位矩阵，$\boldsymbol{T}(\boldsymbol{\varphi}_e)$ 为姿态映射矩阵。

$$\boldsymbol{A}(\boldsymbol{\varphi}_e) = \begin{bmatrix} \boldsymbol{I} & 0 \\ 0 & \boldsymbol{T}(\boldsymbol{\varphi}_e) \end{bmatrix} \tag{2-2}$$

$$\boldsymbol{\omega}_e = \boldsymbol{T}(\boldsymbol{\varphi}_e)\dot{\boldsymbol{\varphi}}_e \tag{2-3}$$

刚度控制系统达到稳态时，对式(2-1)进行简化，其六维力 $\boldsymbol{f}_e$ 与六维位姿偏差 $\Delta \boldsymbol{x}_{de}$ 的关系具有式(2-4)所示的类线性关系。在公式中，刚度控制包含末端执行器位姿与期望位姿的偏差，以及施加在环境上的力之间的相对静态关系。

$$\boldsymbol{f}_e = \boldsymbol{A}^{-T}(\boldsymbol{\varphi}_e)\boldsymbol{K}_p\Delta \boldsymbol{x}_{de} \tag{2-4}$$

由式(2-4)可知，系统稳态时，在比例控制作用下，末端执行器在外力和力矩方面表现为一个六自由度弹簧；矩阵 $\boldsymbol{K}_p$ 为机器人提供了刚度大小，通过调整 $\boldsymbol{K}_p$ 矩阵内的元素可以改变机器人末端对外界环境交互的弹性特性。从刚度控制的应用效果角度而言，刚度值越高，位置控制精度越高，机器人与环境的相互作用力越大。因此，如果期望在特定方向上满足某些位置约束，则应使该方向上的末端执行器刚度较低，以实现对位置的柔性贴合；相反，在不期望物理约束的方向上，应保证机器人末端的高刚度特性，以便紧跟机器人的指令位置。刚度控制使机器人在外部环境约束下的期望位置和可实现位置之间的差异转化为接触力，无须测量接触力和力矩，控制原理相对简明。但在实际操作中，刚度参数的选择并不容易，由式(2-4)可以看出，它的刚度系数矩阵的选择受工作姿态变量 $\boldsymbol{\varphi}_e$ 的影响，这对工程应用的稳定性而言并不友好。此外，刚度系数的选取还在很大程度上取决于要执行的任务环境，通常需要根据实践经验进行探索，为柔顺效果的实现带来了繁杂的工作量。

2. 阻抗控制

与刚度控制相比，阻抗控制是一种更高阶的间接力控制方法，它模拟了物理系统的动态特性(如刚度、阻尼和惯性)，通过调整这些参数影响系统对外力的响应，从而达到控制力的效果。阻抗控制模型由 Hogan 在 1985 年发表的论文中首次提出。在机器人末端与外界刚性环境接触的场景中，阻抗模型基于"质量-阻尼-弹簧"的二阶微分方程，建立一种机器人末端运动信息与末端受到的广义力之间的动态关系，是当下应用最广泛的柔顺控制模型。

常见的一维"质量-阻尼-弹簧"模型如图 2-2 所示。

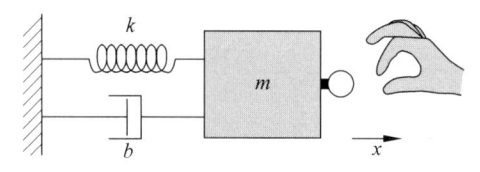

图 2-2 "质量-阻尼-弹簧"的示意图

可表示如下：

$$m\ddot{x} + b\dot{x} + kx = f \tag{2-5}$$

式中，x 表示位置；m 表示质量；b 表示阻尼；k 表示刚度；f 表示外界环境作用在机器人上的外部力。使用阻抗描述机器人行为时，可以在一定范围内设定不同的阻抗系数来赋予机器人不同的动态特性。若阻抗系数中的 b 或 k 设置得大，则称为高阻抗，机器人将获得较好的自由空间运动控制效果（外部力变化对机器人运动的影响较低）；若阻抗系数中的 b 或 k 设置得小，则称为低阻抗，机器人将获得较好的力控制效果。

对式(2-5)使用 Laplace 变换，可以得到式(2-6)：

$$(ms^2 + bs + k)X(s) = F(s) \tag{2-6}$$

对式(2-6)的阻抗部分进行分离，可以推导出阻抗控制的传递函数如式(2-7)所示。从控制的角度而言，阻抗与信号频率关联密切：刚度系数 k 的设置将主要对系统中的低频信号做出响应，而质量系数 m 主要针对系统中的高频信号做出响应。

$$Z(s) = F(s)/X(s) \tag{2-7}$$

将机器人的末端实际位姿、速度及加速度分别表示为 $(x, \dot{x}, \ddot{x})$，则常见的阻抗控制公式可表示为式(2-8)。

$$\boldsymbol{\tau} = \boldsymbol{J}^\mathrm{T}(\boldsymbol{\theta})[\widetilde{\boldsymbol{\Lambda}}(\boldsymbol{\theta})\ddot{\boldsymbol{x}} + \widetilde{\boldsymbol{\eta}}(\boldsymbol{\theta}, \dot{\boldsymbol{x}}) - (\boldsymbol{M}\ddot{\boldsymbol{x}} + \boldsymbol{B}\dot{\boldsymbol{x}} + \boldsymbol{K}\boldsymbol{x})] \tag{2-8}$$

式中，$\widetilde{\boldsymbol{\Lambda}}(\boldsymbol{\theta})\ddot{\boldsymbol{x}} + \widetilde{\boldsymbol{\eta}}(\boldsymbol{\theta}, \dot{\boldsymbol{x}})$ 表示机械臂的动力学部分，$\boldsymbol{M}\ddot{\boldsymbol{x}} + \boldsymbol{B}\dot{\boldsymbol{x}} + \boldsymbol{K}\boldsymbol{x}$ 表示阻抗控制部分，$\boldsymbol{M}$ 表示质量系数矩阵，$\boldsymbol{B}$ 表示阻尼系数矩阵，$\boldsymbol{K}$ 表示刚度系数矩阵，$\boldsymbol{J}^\mathrm{T}(\boldsymbol{\theta})$ 代表机器人的力雅可比矩阵，用于将机器人末端受力映射至机器人关节。

式(2-8)的详细推导及论证过程可见本书 3.1.3 小节。式(2-8)将阻抗控制模型与机器人动力学模型结合在一起，将末端的柔顺特性控制问题转换为机器人的关节扭矩控制问题。从实际部署的要求来看，阻抗控制与刚度控制有不同的要求，其计算过程需要用到机器人末端的实时环境力信息，在工程中部署时也将在机器人末端安装六维力/扭矩传感器。但是，阻抗控制与刚度控制的实现均需要经过机器人的关节力矩环节，对机器人系统刚度的精准控制依赖机器人的动力学模型，模型的非线性耦合关系常常为控制精度的提升带来困难。下面将介绍导纳控制，为读者提供一种基于位置控制的柔顺控制技术解决思路。

3. 导纳控制

导纳控制是阻抗控制的逆过程，它根据期望的力和实际力的偏差来调整运动控制参数，使系统呈现出期望的动态特性。导纳控制与阻抗控制相生相对，两者具有相同的控制模型——"质量-阻尼-弹簧"模型，模型示意图及公式分别与图 2-2 及式(2-2)保持一致。导纳控制也可称为基于位置模式的阻抗控制，两者控制对象的不同决定了两者控制律的差异。从控制理论角度而言，可以通过传递函数的形式与阻抗控制区分开来。对应式(2-9)，导纳控制的传递函数可以表达如式(2-10)。

$$\dot{\boldsymbol{r}} = \frac{\mathrm{d}\boldsymbol{r}}{\mathrm{d}t} = \left(\sum_{j=1}^{i} \frac{\partial \binom{0}{i}\boldsymbol{T}}{\partial q_j}\dot{q}_j\right)^i \boldsymbol{r} \tag{2-9}$$

$$Y(s) = Z^{-1}(s) = X(s)/F(s) \tag{2-10}$$

常见的导纳控制公式为

$$M(\ddot{x}_c - \ddot{x}_d) + B(\dot{x}_c - \dot{x}_d) + K(x_c - x_d) = f_e - f_d \tag{2-11}$$

$$\ddot{x}_c = \frac{1}{M}[f_e - f_d - B(\dot{x}_c - \dot{x}_d) - K(x_c - x_d)] + \ddot{x}_d \tag{2-12}$$

$$\ddot{\theta}_c = J^{\dagger}(\ddot{x}_c - \dot{J}(\theta)\dot{\theta}) \tag{2-13}$$

由上式可见,导纳控制将阻抗控制模型转换为对机器人位置的控制,目的不是确保跟踪期望的末端执行器位置和姿态,而是确保跟踪阻抗控制动作产生的参考位置和姿态。换句话说,机器人的期望位姿及测量的接触力作为输入量代入阻抗方程中,进一步通过式(2-12)及式(2-13)的积分运算,生成了用作运动控制的位姿;将该位姿进一步输入机器人的运动控制器后,间接地实现了机器人阻抗特性。在实际部署时,该控制方法无须经由机器人的关节力矩环节,避免了机器人动力学模型精度给柔顺控制带来的精度影响;但其控制周期依赖机器人的位置控制环的控制周期,此控制速率通常比力矩控制环的周期更长,过长的控制周期可能影响机器人表现出的柔顺性。导纳控制在实际部署中还需要解决实时性问题,满足在应用中的柔顺力控需求。

2.3.2 直接力控制方法

直接力控制方法是一种在控制系统中利用力反馈回路实现对力或力矩的精确跟踪与控制的方法,这种控制方法通过实时监测并响应外部作用在受控对象上的力或力矩变化,直接调整控制输出力,以确保系统能够迅速且准确地达到期望的力/力矩目标。直接力控制方法的核心优势在于其直接性和快速响应能力,能够有效处理复杂、动态环境下的力控制问题。

$$\boldsymbol{\tau} = \boldsymbol{g}(\boldsymbol{\theta}) + \boldsymbol{J}^{\mathrm{T}}(\boldsymbol{\theta})\left[\boldsymbol{F}_{\mathrm{d}} + \boldsymbol{K}_{\mathrm{fp}}\boldsymbol{F}_{\mathrm{e}} + \boldsymbol{K}_{\mathrm{fi}}\int \boldsymbol{F}_{\mathrm{e}}(t)\mathrm{d}t\right] \tag{2-14}$$

以比例积分控制为例,直接力控制方法的经典公式可表达为式(2-14)。式中,$\boldsymbol{g}(\boldsymbol{\theta})$为重力项,$\boldsymbol{J}^{\mathrm{T}}(\boldsymbol{\theta})$为机器人的力雅可比矩阵,$\boldsymbol{F}_{\mathrm{d}}$为机器人末端所受的期望力,$\boldsymbol{F}_{\mathrm{e}}$表示机器人的实际受力与期望受力的偏差;$\boldsymbol{K}_{\mathrm{fp}}$及$\boldsymbol{K}_{\mathrm{fi}}$分别为机器人的比例系数矩阵与积分系数矩阵。

直接力控制方法包含对输出力的闭环控制回路,在控制算法中明确指定了期望力/力矩的大小。与间接力控制不同,直接力控制要求机器人工程师在部署时考虑机器人与接触目标间的约束关系,在应用中通常需要补充准确的环境特性信息。例如在复杂曲面的力跟踪运动中,算法需要考虑机器人在曲面接触时的位姿,以使力控制器明确在何种方向上对多大的力进行跟踪。在此任务案例中,机器人通常应在力接触方向上采取力控制策略,而在接触运动方向上采取位置控制策略,这样的控制称为位置力混合控制。位置力混合控制是最常见的直接力控制应用场景,其结合了位置控制和力控制的优点,在力跟踪场景中应用广泛。本书将在3.2.2小节中对混合位置/力控制器的原理进行详细介绍。

第3章

机器人柔顺控制技术的核心算法

章节导读

机器人的控制不能仅仅停留在建模与系统理论分析,而必须时刻考虑实践算法设计,为后续的实际机器人控制奠定基础。笔者在实际科研工作中发现,有不少读者对柔顺控制技术的理论到算法控制的部分实现过程存在疑惑,所以本章将重点解析柔顺控制技术的几个核心算法。其中,3.1节解析阻抗控制的核心算法,其核心是基于机器人动力学对力矩的控制:3.1.1小节针对刚体机器人模型进行了多体动力学的分析,并对相应的控制方法进行了阐述;3.1.2小节则进一步给出了对机器人进行动力学参数辨识的一般方法,为机器人轨迹跟踪提供准确的参数;3.1.3小节则在前两节的基础上提供了一种基于动力学的阻抗控制方法。3.1节介绍了完整的控制思路,是阻抗控制的核心算法。3.2节中,3.2.1小节区分了自然约束与人工约束的情况,3.2.2小节对混合位置/力控制的核心算法进行了解析。3.3节解析导纳控制的核心算法:3.3.1小节介绍的机器人负载辨识与重力/惯性力补偿算法是机器人精确感知外力的前提,主要用于消除机器人接触运动中负载的重力及惯性力对机器人末端的影响;3.3.2小节在3.3.1小节的理论准备基础上,讲解了一种面向非确定轨迹偏差与动态力跟踪应用场景具有良好适应性的自适应变导纳的控制算法。此外,为机器人规划一条满足要求的运动轨迹同样是柔顺控制的一部分。3.4.1小节从原理上分析了柔顺控制需要设计什么轨迹的问题,介绍了一种可应用于实际控制系统的速度规划算法,即基于T型速度规划的位置轨迹规划方法,进一步设计出满足大部分需求的复杂轨迹规划算法,为读者提供了一种 NURBS+Squad+T型速度插补的轨迹规划算法设计思路。3.5节在仿真平台中对以上提到的3类柔顺控制算法及对应的轨迹规划算法进行实验验证,并为读者提供了一种具体的仿真实验方法。

3.1 阻抗控制的动力学解析

第 2 章对阻抗控制的原理做了初步介绍。在实际的机器人应用过程中,我们通常希望通过控制机器人关节电机输出的扭矩,实现机器人对给定位置、速度及加速度等运动信息下的接触力轨迹跟踪效果。这意味着,对于多体耦合连接构成的机器人,还要更细致地考虑其关节力/力矩对机器人运动与机器人力控的关系。本节将从机器人的动力学入手,对阻抗控制的实现思路进行深入剖析。

3.1.1 机器人动力学建模

为便于总体理解,本小节首先从拉格朗日方程入手对机器人的动力学进行分析。对于多体机器人系统,将其动能表示为 K,其势能表达为 P,拉格朗日函数 L 定义为两者之差。

$$L = K - P \tag{3-1}$$

进一步地,由广义坐标中的第二类拉格朗日方程得出式(3-2)。

$$\tau_i = \frac{\mathrm{d}}{\mathrm{d}t}\frac{\partial L}{\partial \dot{q}_i} - \frac{\partial L}{\partial q_i} \tag{3-2}$$

式中,q_i 代表动能和势能的广义坐标,$\dot{q}_i$ 代表广义速度,τ_i 代表广义力。应用于实际多体机器人系统时,拉格朗日方程以简洁的表达形式概括了关节的广义力与能量的关系。为进一步明确机器人系统中关节的广义力与广义坐标、广义速度,以及广义力之间的关系,对多体机器人中的某一连杆进行分析。如图 3-1 所示,连杆 i 上的一点对坐标系 $\{i\}$ 和基坐标系 $\{0\}$ 的齐次坐标分别为 $\boldsymbol{r}'$ 和 $\boldsymbol{r}$。

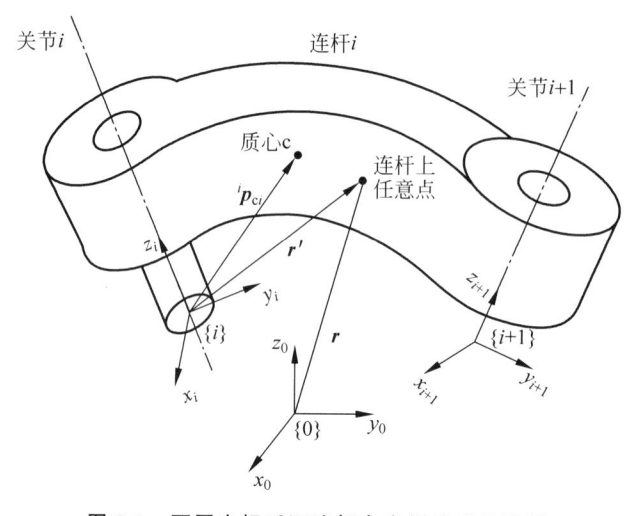

图 3-1 不同坐标系下连杆点空间关系示意图

将从基坐标系{0}到坐标系{i}的变换矩阵表达为${}_i^0\boldsymbol{T}$,给出该点处的速度$\dot{\boldsymbol{r}}$的表达式。

$$\dot{\boldsymbol{r}} = \frac{\mathrm{d}\boldsymbol{r}}{\mathrm{d}t} = \left(\sum_{j=1}^{i} \frac{\partial({}_i^0\boldsymbol{T})}{\partial q_j}\dot{q}_j\right){}^i\boldsymbol{r} \tag{3-3}$$

进一步计算连杆i的动能K_i。参考图3-1,在连杆的质量为$\mathrm{d}m$的$\boldsymbol{r}'$处,质点可以得到动能表达式如下:

$$\mathrm{d}K_i = \frac{1}{2}\dot{\boldsymbol{r}}^\mathrm{T}\dot{\boldsymbol{r}} \cdot \mathrm{d}m \tag{3-4}$$

定义连杆i的伪惯性矩阵为$\bar{\boldsymbol{I}}_i = \int_{\mathrm{link}i} {}^i\boldsymbol{r}\, {}^i\boldsymbol{r}^\mathrm{T}\mathrm{d}m$,只需要进一步积分,即可得到连杆$i$的动能表达式(3-5)。

$$\begin{aligned}K_i &= \int_{\mathrm{link}i} \mathrm{d}K_i \\ &= \frac{1}{2}\mathrm{tr}\left[\sum_{j=1}^{i}\sum_{k=1}^{i} \frac{\partial({}_i^0\boldsymbol{T})}{\partial q_j}\bar{\boldsymbol{I}}_i \frac{\partial({}_i^0\boldsymbol{T})^\mathrm{T}}{\partial q_k}\dot{q}_j\dot{q}_k\right]\end{aligned} \tag{3-5}$$

对于具有n个连杆的机器人,在简单的连杆动能求和的基础上还需要考虑其传动机构的动能。设第i个传动机构的等效惯性矩阵为$\boldsymbol{J}_i$,可以将传动机构的动能表示为$\frac{1}{2}\boldsymbol{J}_i\dot{q}_i^2$,机器人的总动能$K$表达式如下:

$$K = \frac{1}{2}\sum_{i=1}^{n}\left[\mathrm{tr}\left(\sum_{j=1}^{i}\sum_{k=1}^{i} \frac{\partial({}_i^0\boldsymbol{T})}{\partial q_j}\bar{\boldsymbol{I}}_i \frac{\partial({}_i^0\boldsymbol{T})^\mathrm{T}}{\partial q_k}\dot{q}_j\dot{q}_k\right) + \frac{1}{2}\boldsymbol{J}_i\dot{q}_i^2\right] \tag{3-6}$$

进一步计算机器人的重力势能P,其各连杆的势能可以表示为式(3-7),故机器人的总势能P可以表示为式(3-8)。

$$P_i = -m_i g({}_i^0\boldsymbol{T}^i\boldsymbol{p}_{ci}) \tag{3-7}$$

$$P = -\sum_{i=1}^{n} m_i g({}_i^0\boldsymbol{T}^i\boldsymbol{p}_{ci}) \tag{3-8}$$

将机器人的总动能K与总势能P代入式(3-1),即可得到完整的拉格朗日函数。此处,进一步将拉格朗日函数代入式(3-2),得到了机器人关节i驱动连杆i所需的广义力τ_i,具体表达式如式(3-9)所示。

$$\begin{aligned}\tau_i = &\sum_{j=1}^{i}\sum_{k=1}^{i}\left[\mathrm{tr}\left(\frac{\partial({}_j^0\boldsymbol{T})}{\partial q_i}\bar{\boldsymbol{I}}_j \frac{\partial({}_j^0\boldsymbol{T})^\mathrm{T}}{\partial q_k}\right)\ddot{q}_k\right] + \boldsymbol{J}_i\ddot{q}_i - \sum_{j=i}^{n} m_j g\frac{\partial({}_j^0\boldsymbol{T})_j}{\partial q_i}\boldsymbol{p}_{ci} + \\ &\sum_{j=i}^{n}\sum_{k=1}^{j}\sum_{m=1}^{j}\mathrm{tr}\left(\frac{\partial({}_j^0\boldsymbol{T})}{\partial q_i}\bar{\boldsymbol{I}}_j \frac{\partial^2({}_j^0\boldsymbol{T})^\mathrm{T}}{\partial q_k \partial q_m}\right)\dot{q}_k\dot{q}_m \quad i=1,2,\cdots,n\end{aligned} \tag{3-9}$$

若将其表示为矩阵形式,则得到了简洁的拉格朗日动力学方程,如下所示:

$$\boldsymbol{\tau}(t) = \boldsymbol{D}[\boldsymbol{q}(t)]\ddot{\boldsymbol{q}}(t) + \boldsymbol{h}[\boldsymbol{q}(t),\dot{\boldsymbol{q}}(t)] + \boldsymbol{G}[\boldsymbol{q}(t)] \tag{3-10}$$

式中,从矩阵包含的实际意义角度分析,$\boldsymbol{D}[\boldsymbol{q}(t)]$为机器人的质量矩阵,是$n\times n$的对称矩阵;$\boldsymbol{h}[\boldsymbol{q}(t),\dot{\boldsymbol{q}}(t)]$为科里奥利力和离心力构成的矢量;$\boldsymbol{G}[\boldsymbol{q}(t)]$为重力矢量。拉格朗日动

力学方程简明地推导出了机器人关节广义运动与关节广义力之间的关系,让我们对机器人的动力学内容有了大体的把握。但是由以上的推导过程不难看出,拉格朗日动力学方程需要进行大量的乘法运算及加法运算,面对多体机器人的动力学求解问题时运算效率极低。下面将继续探讨牛顿-欧拉动力学,以期得到一种效率更高的动力学求解方法。

如图 3-2 所示,$m_i{}^ig$ 为连杆 i 上的重力。在不考虑重力影响的情况下,可以列出关节 i 的受力平衡与力矩平衡方程,如式(3-11)及式(3-12)。

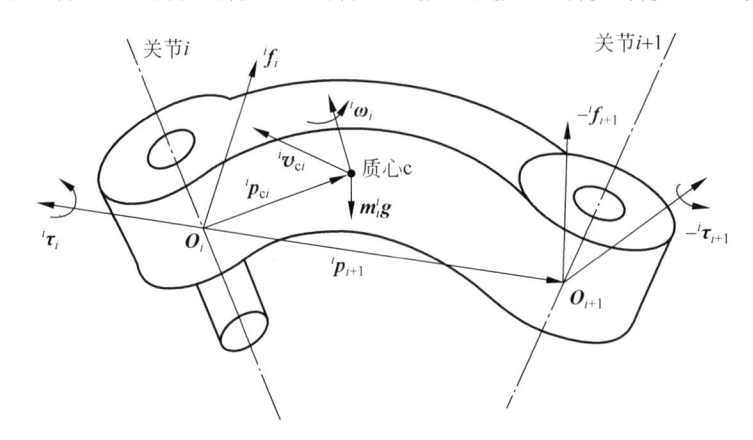

$$^if_{ci} = {}^if_i - {}_{i+1}^i R\,{}^{i+1}f_{i+1} \tag{3-11}$$
$$^if_i = {}^if_{ci} + {}_{i+1}^i R\,{}^{i+1}f_{i+1}$$

$$^i\tau_{ci} = {}^i\tau_i - {}_{i+1}^i R\,{}^{i+1}\tau_{i+1} - {}^ip_{ci} \times {}^if_{ci} - {}^ip_{i+1} \times {}_{i+1}^i R\,{}^{i+1}f_{i+1} \tag{3-12}$$
$$^i\tau_i = {}_{i+1}^i R\,{}^{i+1}\tau_{i+1} + {}_{i+1}^i R\,{}^{i+1}\tau_{i+1} + {}^ip_{ci} \times {}^if_{ci} + {}^ip_{i+1} \times {}_{i+1}^i R\,{}^{i+1}f_{i+1}$$

图 3-2 连杆 i 受力示意图

式中,$^ip_{i+1}$ 为坐标系 $\{i+1\}$ 原点相对于 $\{i\}$ 的位置矢量;$^ip_{ci}$ 为连杆质心在 $\{i\}$ 中的位置矢量,$^if_{ci}$ 与 $^i\tau_{ci}$ 为连杆质心所受到的合外力与合力矩。

机器人的关节有旋转关节与移动关节的不同,其广义力还需要乘以对应关节 z 轴的单位矢量 ^Tz_i,其表达式如式(3-13)。

$$\tau_i = \begin{cases} {}^i\tau_i{}^T z_i \\ {}^if_i{}^T z_i \end{cases} \tag{3-13}$$

式中,^if_i 为连杆 $i-1$ 作用在连杆 i 上的力;$^i\tau_i$ 为连杆 $i-1$ 作用在连杆 i 上的力矩。利用式(3-15)可以从末端连杆逐步向内迭代至机器人基座,递推的初值由机器人的工作状态决定,当机器人在自由空间运动时,$^{n+1}f_{n+1}=0$,$^{n+1}\tau_{n+1}=0$;当机器人末端与外界存在接触力时,递推初值可不为零。

牛顿-欧拉动力学旨在通过机器人的关节位移、关节速度及关节加速度信息 $(q,\dot{q},\ddot{q})$ 计算得到关节力或力矩 τ。在这个过程中,首先利用 $(q,\dot{q},\ddot{q})$ 信息及连杆的运动关系向外递推计算连杆的 $(\omega_i,\dot{\omega}_i,v_i,\dot{v}_i)$,其次利用式(3-11)及式(3-12)向内递推计算机器人的关节力或力矩。我们给出运动关系的向外递推式,包括针对旋转关节的运动关系式(3-14)与针对连杆质心处的运动关系式(3-15)。

$$\begin{cases} {}^{i+1}\boldsymbol{\omega}_{i+1} = {}^{i+1}_{i}\boldsymbol{R}\, {}^{i}\boldsymbol{\omega}_{i} + \dot{\boldsymbol{q}}_{i+1}\, {}^{i+1}\boldsymbol{z}_{i+1} \\ {}^{i+1}\dot{\boldsymbol{\omega}}_{i+1} = {}^{i+1}_{i}\boldsymbol{R}\, {}^{i}\dot{\boldsymbol{\omega}}_{i} + {}^{i+1}_{i}\boldsymbol{R}\, {}^{i}\boldsymbol{\omega}_{i} \times \dot{\boldsymbol{q}}_{i+1}\, {}^{i+1}\boldsymbol{z}_{i+1} + \ddot{\boldsymbol{q}}_{i+1}\, {}^{i+1}\boldsymbol{z}_{i+1} \\ {}^{i+1}\dot{\boldsymbol{v}}_{i+1} = {}^{i+1}_{i}\boldsymbol{R}[{}^{i}\dot{\boldsymbol{v}}_{i} + {}^{i}\dot{\boldsymbol{\omega}}_{i} \times {}^{i}\boldsymbol{p}_{i+1} + {}^{i}\boldsymbol{\omega}_{i} \times ({}^{i}\boldsymbol{\omega}_{i} \times {}^{i}\boldsymbol{p}_{i+1})] \end{cases} \quad (3\text{-}14)$$

$$\begin{aligned} {}^{i+1}\dot{\boldsymbol{v}}_{c(i+1)} &= {}^{i+1}\dot{\boldsymbol{v}}_{i+1} + {}^{i+1}\dot{\boldsymbol{\omega}}_{i+1} \times {}^{i+1}\boldsymbol{r}_{c(i+1)} + {}^{i+1}\boldsymbol{\omega}_{i+1} \times [{}^{i+1}\boldsymbol{\omega}_{i+1} \times {}^{i+1}\boldsymbol{r}_{c(i+1)}] \\ {}^{i+1}\boldsymbol{f}_{c(i+1)} &= m_{i+1}\, {}^{i+1}\dot{\boldsymbol{v}}_{c(i+1)} + {}^{i+1}\boldsymbol{\omega}_{i+1} \times [m_{i+1}\, {}^{i+1}\boldsymbol{v}_{c(i+1)}] \\ {}^{i+1}\boldsymbol{\tau}_{c(i+1)} &= {}^{c(i+1)}\boldsymbol{I}_{i+1}\, {}^{i+1}\dot{\boldsymbol{\omega}}_{i+1} + {}^{i+1}\boldsymbol{\omega}_{i+1} \times [{}^{c(i+1)}\boldsymbol{I}_{i+1}\, {}^{i+1}\boldsymbol{\omega}_{i+1}] \end{aligned} \quad (3\text{-}15)$$

递推的牛顿-欧拉动力学算法结构如图 3-3 所示。需要注意的是,推导的过程中没有考虑重力的因素,因此取加速度 $\|{}^{0}\dot{\boldsymbol{v}}_{0}\| = g$ 且方向向上,抵消重力带来的影响。

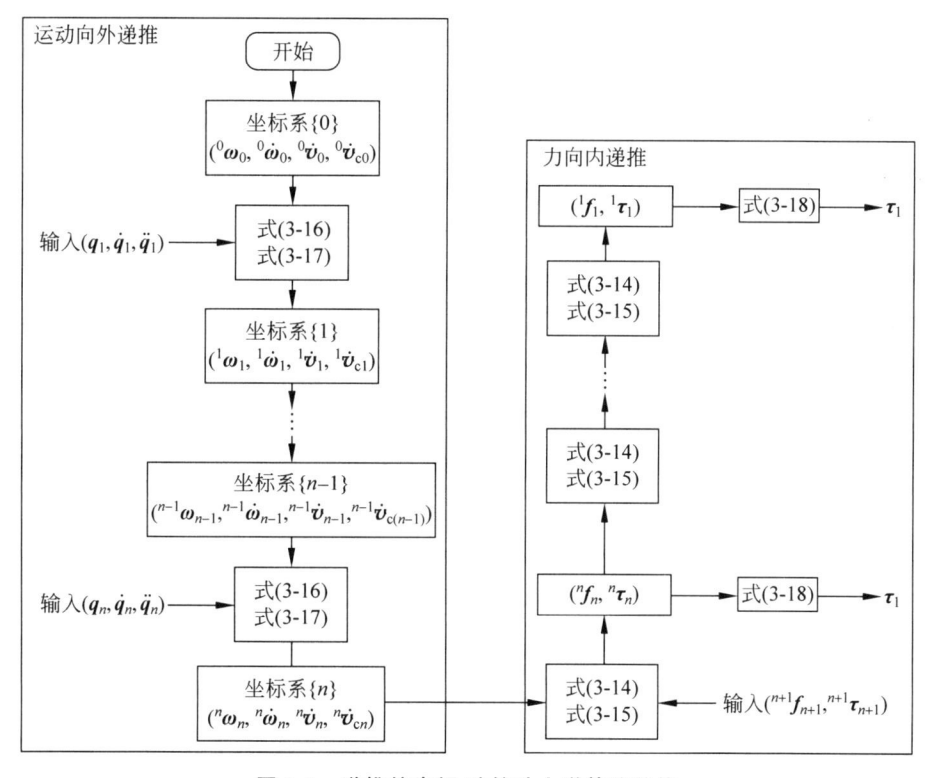

图 3-3 递推的牛顿-欧拉动力学算法结构

至此,使用牛顿-欧拉动力学方法完成了迭代推导机器人关节广义力的全过程。值得一提的是,在对机器人完成迭代推导的过程之后,动力学方程仍然可以表示为矩阵形式,即式(3-16):

$$\boldsymbol{\tau} = \boldsymbol{D}(\boldsymbol{q})\ddot{\boldsymbol{q}} + \boldsymbol{h}(\boldsymbol{q},\dot{\boldsymbol{q}}) + \boldsymbol{G}(\boldsymbol{q}) \quad (3\text{-}16)$$

在机器人利用该方程进行动力学控制之前,该方程包含的动力学参数需要进一步根据机器人的构型进行计算与辨识。

3.1.2 机器人动力学参数辨识

1. 模型线性化与最小参数集

机器人的构型多种多样,本小节仅以旋转关节的串联机器人为例,给出一些通识性的动力学参数辨识方法。一般地,考虑机器人关节存在的摩擦因素,引入代表非线性的库仑摩擦和黏滞摩擦的矩阵 $F(\dot{q})$,将式(3-16)扩展为式(3-17):

$$\tau = D(q)\ddot{q} + h(q,\dot{q}) + G(q) + F(\dot{q}) \tag{3-17}$$

式(3-17)并非参数辨识的理想形式,我们往往更希望在公式中看到动力学参数在某种线性关系中得以呈现。将式(3-17)通过数学变换可以进一步得到式(3-18):

$$\tau = H(q,\dot{q},\ddot{q})X_B \tag{3-18}$$

式中, $H(q,\dot{q},\ddot{q})$ 是关于 q、$\dot{q}$、$\ddot{q}$ 的一个与机器人动力学参数无关的非线性函数矩阵; X_B 表示动力学的基本参数集,其中囊括了理论上需要辨识的与动力学特征相关的参数。对于独立的连杆 i,其参数集形式如式(3-19)所示:

$$X_i = [m_i, {}^{ci}I_{ixx}, {}^{ci}I_{ixy}, {}^{ci}I_{ixz}, {}^{ci}I_{iyy}, {}^{ci}I_{iyz}, {}^{ci}I_{izz}, m_i p_{ix}, m_i p_{iy}, m_i p_{iz}] \tag{3-19}$$

每个具体参数的含义如表 3-1 所示。

表 3-1 参数表

参 数	含 义
m_i	连杆 i 的质量
${}^{ci}I_{ixx}, {}^{ci}I_{ixy}, {}^{ci}I_{ixz}, {}^{ci}I_{iyy}, {}^{ci}I_{iyz}, {}^{ci}I_{izz}$	连杆 i 在质心坐标下的惯性张量矩阵元素
p_{ix}, p_{iy}, p_{iz}	连杆 i 中质心坐标系相对于关节坐标系的位置偏移

实际动力学参数辨识的过程中,常常采用平行轴定理将质心坐标系下的惯性张量矩阵等效到机器人的关节坐标系上,这样的做法可以进一步简化 $H(q,\dot{q},\ddot{q})$ 的形式。针对上述动力学模型,我们考虑一种简化而且被广泛应用的摩擦力模型,如式(3-20)所示:

$$\begin{cases} \tau_{fs} = F_s \cdot \text{sgn}(\dot{q}) \\ \tau_{fv} = F_v \cdot \dot{q} \end{cases} \tag{3-20}$$

式中, F_s 代表库仑摩擦系数, F_v 代表黏滞摩擦系数,$\text{sgn}(\cdot)$ 代表符号函数; τ_{fv} 代表黏滞摩擦力矩, τ_{fs} 代表库仑摩擦力矩。在此模型中,摩擦力主要与关节角速度 $\dot{q}$ 相关。综合考虑摩擦影响与关节驱动器惯量带来的影响,进一步将式(3-19)扩展为式(3-21):

$$X_i = [m_i, {}^{ci}I_{ixx}, {}^{ci}I_{ixy}, {}^{ci}I_{ixz}, {}^{ci}I_{iyy}, {}^{ci}I_{iyz}, {}^{ci}I_{izz}, m_i p_{ix}, m_i p_{iy}, m_i p_{iz}, F_s, F_v, I_{\text{motor}}] \tag{3-21}$$

整个关节型机器人的全参数即可表示为矩阵 $X_{\text{full}} = [X_1^T, X_2^T, \cdots, X_2^T]^T$。考虑了更全面的因素后,将动力学方程改写为式(3-22),线性变换后得到式(3-23)。

$$\begin{aligned}\boldsymbol{\tau} &= \boldsymbol{D}(\boldsymbol{q})\ddot{\boldsymbol{q}} + \boldsymbol{h}(\boldsymbol{q},\dot{\boldsymbol{q}}) + \boldsymbol{G}(\boldsymbol{q}) + \boldsymbol{F}(\dot{\boldsymbol{q}}) \\ &= \boldsymbol{\phi}(\boldsymbol{q},\dot{\boldsymbol{q}},\ddot{\boldsymbol{q}},\boldsymbol{X}_{\text{full}})\end{aligned} \quad (3\text{-}22)$$

$$\boldsymbol{\tau} = \boldsymbol{H}(\boldsymbol{q},\dot{\boldsymbol{q}},\ddot{\boldsymbol{q}})\boldsymbol{X}_{\text{linear}} \quad (3\text{-}23)$$

至此,模型转换为包含摩擦影响与关节驱动器惯量影响的线性形式。在实际辨识的过程中,这个式子中的动力学参数并不全都对关节力矩产生影响,即 $\boldsymbol{H}$ 矩阵并不一定满秩,将其进一步简化表达,得式(3-24)。

$$\boldsymbol{\tau} = \boldsymbol{H}_M(\boldsymbol{q},\dot{\boldsymbol{q}},\ddot{\boldsymbol{q}})\boldsymbol{X}_{\min} \quad (3\text{-}24)$$

式中,$\boldsymbol{H}_M$ 称为机器人动力学参数的回归矩阵;$\boldsymbol{X}_{\min}$ 称为最小参数集,可通过分离 $\boldsymbol{H}_M$ 中的动力学无关项而求得。在实际工程中,可以采用开源工具包 symPybotics 求解最小参数集 $\boldsymbol{X}_{\min}$ 和回归矩阵 $\boldsymbol{H}_M$,下文中给出了 ER16 机器人的前三轴动力学参数辨识示例。对所求参数集的验证工作可考虑使用 Robotics Toolbox 完成,本书不再进行扩展。

2. 基于 ER16 机器人的前三轴动力学参数辨识示例

symPyboticss 工具箱是一种用于机器人动力学建模与参数辨识的符号框架,使用 sympy 和 NumPy 库进行符号和数值运算。只需要给定目标机器人的运动学参数,该工具箱就可计算出对应的关节力矩表达式、最小参数集、回归矩阵等。以下代码演示了 ER16 机器人前三轴动力学模型的计算过程与计算结果,tau_str 变量代表每个关节轴的力矩表达式,Mregress 变量代表回归矩阵,rbt.dyn.baseparms 变量代表简化之后的最小参数集。

```
import sympy;
import sympybotics;
# 搭建 ER16 前三轴 MDH 参数(alpha,a,d,theta)
rbtdef = sympybotics.RobotDef('er16_threeJoint', \
                [(' 0', 0.00, 0.0, 'q'), \
                 ('-pi/2', 'a1', 0.0, 'q-pi/2'), \
                 (' 0', 'a2', 0.0, 'q+pi/2')], \
                dh_convention='modified');
# 设定摩擦类型,设定重力加速度,并显示动力学参数
rbtdef.gravityacc = sympy.Matrix([0.0, 0.0, -9.81]);
print rbtdef.dynparms();
# 构建机器人模型
rbt = sympybotics.RobotDynCode(rbtdef, verbose=True);
# 生成 C 函数,给出力矩的表达式
tau_str = sympybotics.robotcodegen.robot_code_to_func('C', \
    rbt.invdyn_code, 'tau_out', 'tau', rbtdef);
print(tau_str)
# 计算并显示动力学模型的回归矩阵
Mregress = sympybotics.robotcodegen.robot_code_to_func('C', \
    rbt.H_code, 'Mregress', 'Mregress', rbtdef);
print(Mregress)

# 输出动力学模型简化过后的最小参数集
rbt.calc_base_parms()
print rbt.dyn.baseparms
```

运行上述代码后,程序遵循动力学基本参数集的表达顺序给出了动力学回归矩阵的求解结果。对于所求解的单一关节,机器人动力学参数集可以表达为如下形式:

[L_1xx, L_1xy, L_1xz, L_1yy, L_1yz, L_1zz, l_1x, l_1y, l_1z, m_1,
L_2xx, L_2xy, L_2xz, L_2yy, L_2yz, L_2zz, l_2x, l_2y, l_2z, m_2,
L_3xx, L_3xy, L_3xz, L_3yy, L_3yz, L_3zz, l_3x, l_3y, l_3z, m_3]

该参数集包含 30 个元素,其中数字 1,2,3 分别代表机器人的三个连杆,L 代表惯性张量矩阵中的元素,l 表示的是连杆质心位置{C}在前相邻关节坐标系{i}下的(x,y,z)分量,该分量是距离与质量的乘积,而非仅仅表示距离,m 为相应关节连杆的质量。本求解案例的对象为 ER16 机器人的前三轴,求解得到的 Mregress 矩阵应为对应标准参数集的动力学回归矩阵(Mregress 矩阵中的元素可理解为机器人动力学基本参数集的系数,具有一一对应关系),故程序输出的 Mregress 矩阵中共包含 90 个元素。该矩阵中的元素分别代表每个标准参数(维数 30×1)的系数,例如 Mregress[0]表示 ER16 机器人第一轴动力学参数 L_1xx 的系数,Mregress[31]则代表第二轴动力学参数 L_1xy 的系数,即有如下对应关系:

- Mregress[0:29]属于 torque1
- Mregress[30:59]属于 torque2
- Mregress[60:89]属于 torque3

由于篇幅限制,这里仅给出程序得到的 torque3 计算结果,如表 3-2 所示,其中 $d(dq_i)$ 表示对 q_i 取微分之后,对其结果再次取微分。

$$torque3 \in Mregress[60:89]$$

表 3-2 ER16 第三轴力矩表达式

第三轴各元素	系 数
I_{3xx}	$\frac{1}{2}dq_0^2\sin[2(q_1+q_2)]$
I_{3xy}	$-dq_0^2\cos[2(q_1+q_2)]$
I_{3xz}	$-d(dq_0)\sin(q_1+q_2)$
I_{3yy}	$\frac{1}{2}dq_0^2\sin[2(q_1+q_2)]$
I_{3yz}	$-d(dq_0)\cos(q_1+q_2)$
I_{3zz}	$d(dq_1)+d(dq_2)$
l_{3x}	$\frac{1}{2}a_2(dq_0^2+2dq_1^2)\cos q_2-g\cos(q_1+q_2)-\frac{1}{2}a_2dq_0^2\cos(2q_1+q_2)-a_2d(dq_1)\sin q_2+a_1dq_0^2\sin(q_1+q_2)$
l_{3y}	$-a_2d(dq_1)\cos q_2+a_1dq_0^2\cos(q_1+q_2)-\frac{1}{2}a_2dq_0^2\sin q_2-a_2dq_1^2\sin q_2+g\sin(q_1+q_2)+\frac{1}{2}a_2dq_0^2\sin(2q_1+q_2)$

其中，q_0、$\mathrm{d}q_0$、$\mathrm{d}(\mathrm{d}q_0)$ 分别代表轴1的角度、角速度和角加速度，单位为弧度，以此类推；g 为当地的重力加速度模值，通常取 $g=9.81\mathrm{m\cdot s^{-2}}$。观察上述结果可知，该参数集的表达形式与我们期望中的最小参数集形式[参考式(3-19)参数集形式]存在差别。标准参数集中尚存在大量冗余表达，冗余的原因可从如下方面考虑：

（1）机器人连杆 i 在运动时的驱动力矩大小与机器人连杆 $i+1$ 的 L、l 等动力学特征相关，而连杆 $i+1$ 的动力学参数的系数中却并不包含连杆 i 的此类特征；

（2）Mregress 矩阵的元素对机器人连杆的质量特征进行了重复表达。

为简化参数结果中的冗余表达，将输出结果向最小参数集形式靠拢，进一步对所得结果进行整理。最小参数集、标准参数集以及它们分别对应的回归矩阵之间存在如下关系：

$$\boldsymbol{\tau} = \boldsymbol{H}(\boldsymbol{q},\dot{\boldsymbol{q}},\ddot{\boldsymbol{q}})\boldsymbol{X}_B = \boldsymbol{H}_M(\boldsymbol{q},\dot{\boldsymbol{q}},\ddot{\boldsymbol{q}})\boldsymbol{X}_{\min} \tag{3-25}$$

式中，$\boldsymbol{H}$ 为 3×30 的回归矩阵，$\boldsymbol{H}_M$ 则为 3×15 的回归矩阵。接下来继续计算最小参数集，其在 symPybotics 中的处理较为简洁。运行前文中给出的代码，软件中输出的最小参数集如式(3-26)所示。

$$\boldsymbol{X}_{\min\_\mathrm{nofriction}} = \begin{bmatrix} I_{1zz} + I_{2yy} + I_{3yy} + m_2 a_1^2 + m_3(a_1^2 + a_2^2) \\ I_{2xx} - I_{2yy} - m_3 a_2^2 \\ I_{2xy} \\ I_{2xz} - a_2 l_{3z} \\ I_{2yz} \\ I_{2zz} + m_3 a_2^2 \\ l_{2x} + m_3 a_2 \\ l_{2y} \\ I_{3xx} - I_{3yy} \\ I_{3xy} \\ I_{3xz} \\ I_{3yz} \\ I_{3zz} \\ l_{3x} \\ l_{3y} \end{bmatrix} \tag{3-26}$$

式中，电机转子的电枢惯量包含在相应的 I_{zz} 中。至此求得的机器人动力学最小参数集并未考虑关节之间的摩擦力因素，我们可以分别考虑引入库仑摩擦与黏滞摩擦模型，如式(3-20)所示。

在实际应用中，采用更复杂的摩擦力模型可能得到更好的实际效果，读者可酌情选取合适的摩擦模型。考虑摩擦因素后,最小参数集扩充为式(3-27)。

$$\boldsymbol{X}_{\min} = \begin{bmatrix} \boldsymbol{X}_{\min\_nofriction} \\ F_{1s} \\ F_{1v} \\ F_{2s} \\ F_{2v} \\ F_{3s} \\ F_{3v} \end{bmatrix} \quad (3\text{-}27)$$

这里结合式(3-25)与式(3-27)进一步观察,通过系数比较法可以整理求得 $\boldsymbol{H}_M$ 矩阵,进而完成了回归矩阵的求解。

值得注意的是,这里的回归矩阵将完全由机器人的构型所决定;这意味着,一旦给定了机器人确定的DH(或MDH)参数,回归矩阵的形式即可确定。但最小参数集中的元素仍存在未知量,下面将进一步设计激励轨迹,通过采集实验数据进行参数辨识的方法完成最小参数集的求解。

3. 基于激励轨迹的最小参数集辨识

动力学参数辨识的过程中,实际运用的方程组如下:

$$\boldsymbol{\tau} = \begin{bmatrix} \boldsymbol{\tau}(t_1) \\ \boldsymbol{\tau}(t_2) \\ \vdots \\ \boldsymbol{\tau}(t_M) \end{bmatrix} \begin{bmatrix} \boldsymbol{H}(\boldsymbol{q}(t_1),\dot{\boldsymbol{q}}(t_1),\ddot{\boldsymbol{q}}(t_1))_{nM \times N_b} \\ \boldsymbol{H}(\boldsymbol{q}(t_2),\dot{\boldsymbol{q}}(t_2),\ddot{\boldsymbol{q}}(t_2))_{nM \times N_b} \\ \vdots \\ \boldsymbol{H}(\boldsymbol{q}(t_M),\dot{\boldsymbol{q}}(t_M),\ddot{\boldsymbol{q}}(t_M))_{nM \times N_b} \end{bmatrix} \boldsymbol{X}_{\min} = \boldsymbol{H}_\tau \boldsymbol{X}_{\min} \quad (3\text{-}28)$$

式中,自由度 $n=3$;$\boldsymbol{\tau}$ 是由 M 个时刻采样所得的力矩值矢量;N_b 的取值由 $\boldsymbol{X}_{\min}$ 决定,此处 N_b 的取值为 15。

对于一个给定的系统,通常可通过脉冲响应或者阶跃响应去激励系统,但对于机器人这样的控制系统无法通过这样的方式进行激励。因此,通过有限项的傅里叶级数去逼近实际阶跃响应是一种可选的方案。本书介绍一种基于有限项傅里叶级数的轨迹模型进行最小参数集的辨识,其中傅里叶级数的激励轨迹如下所示。

$$q_i(t) = \sum_{l=1}^{N} \frac{a_l}{w_f l} \sin(w_f l t) - \frac{b_l}{w_f l} \cos(w_f l t) + q_{i0}$$

$$\dot{q}_i(t) = \sum_{l=1}^{N} a_l \cos(w_f l t) + b_l \sin(w_f l t) \quad (3\text{-}29)$$

$$\ddot{q}_i(t) = w_f \sum_{l=1}^{N} b_l l \cos(w_f l t) - a_l l \sin(w_f l t)$$

式中,$w_f = 2\pi f_f$,f_f 为激励周期;q_{i0} 及 a_l、b_l 为待优化的激励轨迹参数。在机器人的实际激励过程中,关节型机器人存在关节限位、关节角速度和关节角加速度的限制,可能存在部分动力学参数无法得到精确辨识的情况。因此,还需要对参数进行优化设计以取得最好的激励效果,共计 $3\times(2N+1)$ 个参数需要进行优化设计。该问题属于有约束的非线性优化问题,对此问题的优化指标已有诸多研究,如条件数法、行列式法、协方差矩阵法等。如式(3-30)所示,本书选择引入条件数优化目标:

$$\mathrm{cond}(\boldsymbol{\psi}) = \frac{\sigma_{\max}(\boldsymbol{\psi})}{\sigma_{\min}(\boldsymbol{\psi})} \tag{3-30}$$

式中,$\sigma_{\max}(\boldsymbol{\psi})$ 与 $\sigma_{\min}(\boldsymbol{\psi})$ 分别表示矩阵 $\boldsymbol{\psi}$ 的奇异值中的最大值与最小值。条件数的值越小,在利用最小二乘法求解参数的过程中越不容易受到自身误差所带来的影响,机器人得以在较高的速度和加速度下运动,运动轨迹也尽可能地充斥整个工作空间。因此,优化问题可以表述如下。

优化目标:$\min \mathrm{cond}(\boldsymbol{H}_\tau)$

约束条件:

$$\begin{cases} |q_i(t)| \leqslant q_{\max} \\ |\dot{q}_i(t)| \leqslant \dot{q}_{\max} \\ |\ddot{q}_i(t)| \leqslant \ddot{q}_{\max} \\ q_i(t_0) = q_i(t_f) = 0 \\ \dot{q}_i(t_0) = \dot{q}_i(t_f) = 0 \\ \ddot{q}_i(t_0) = \ddot{q}_i(t_f) = 0 \end{cases}, \forall i, t \tag{3-31}$$

式(3-31)中,后三个等式保证了机器人在启停的时候角速度和角加速度为零,满足机器人平稳启停条件。使用各类软件均有助于完成最优问题的求解,这里不再赘述。

根据表 3-3 所示的 ER16 前三关节参数限位值,直接给出激励轨迹模型的系数求解结果,如表 3-4 所示。

表 3-3 ER16 前三关节参数限位值

参 数	关 节	最 小 值	最 大 值	绝 对 值	中 心 偏 移
$q/(°)$	1	-180	180	180	0
	2	-60	140	100	40
	3	-170	80	125	-45
$\dot{q}/(°\cdot s^{-1})$	1	-145	145	145	0
	2	-105	105	105	0
	3	-170	170	170	0
$\ddot{q}/(°\cdot s^{-2})$	1	-60	60	60	0
	2	-60	60	60	0
	3	-90	90	90	0

表 3-4　激励轨迹模型的系数求解结果

Axis 1		Axis 2		Axis 3	
$a_{1,1}$	0.1343	$a_{1,2}$	−0.3184	$a_{1,3}$	−0.3755
$b_{1,1}$	−0.8042	$b_{1,2}$	0.1984	$b_{1,3}$	−0.6864
$a_{2,1}$	−0.1343	$a_{2,2}$	0.1100	$a_{2,3}$	0.0567
$b_{2,1}$	0.4026	$b_{2,2}$	−0.0198	$b_{2,3}$	0.0966
$a_{3,1}$	0	$a_{3,2}$	0.0023	$a_{3,3}$	0.1360
$b_{3,1}$	0	$b_{3,2}$	−0.0000	$a_{3,3}$	−0.0396
$a_{4,1}$	0	$a_{4,2}$	−0.0018	$a_{4,3}$	0.1560
$b_{4,1}$	−0.0001	$b_{4,2}$	−0.0002	$b_{4,3}$	0.0862
$a_{5,1}$	0	$a_{5,2}$	0.2079	$a_{5,3}$	0.0269
$b_{5,1}$	−0.0001	$b_{5,2}$	−0.0316	$b_{5,3}$	0.0534
q_{10}	−0.9596	q_{20}	0.2899	q_{30}	−0.9852

根据表 3-4 生成设计的激励轨迹曲线，在时域中做出对应的关节角度、关节角速度和关节角加速度图像，分别如图 3-4～图 3-6 所示。

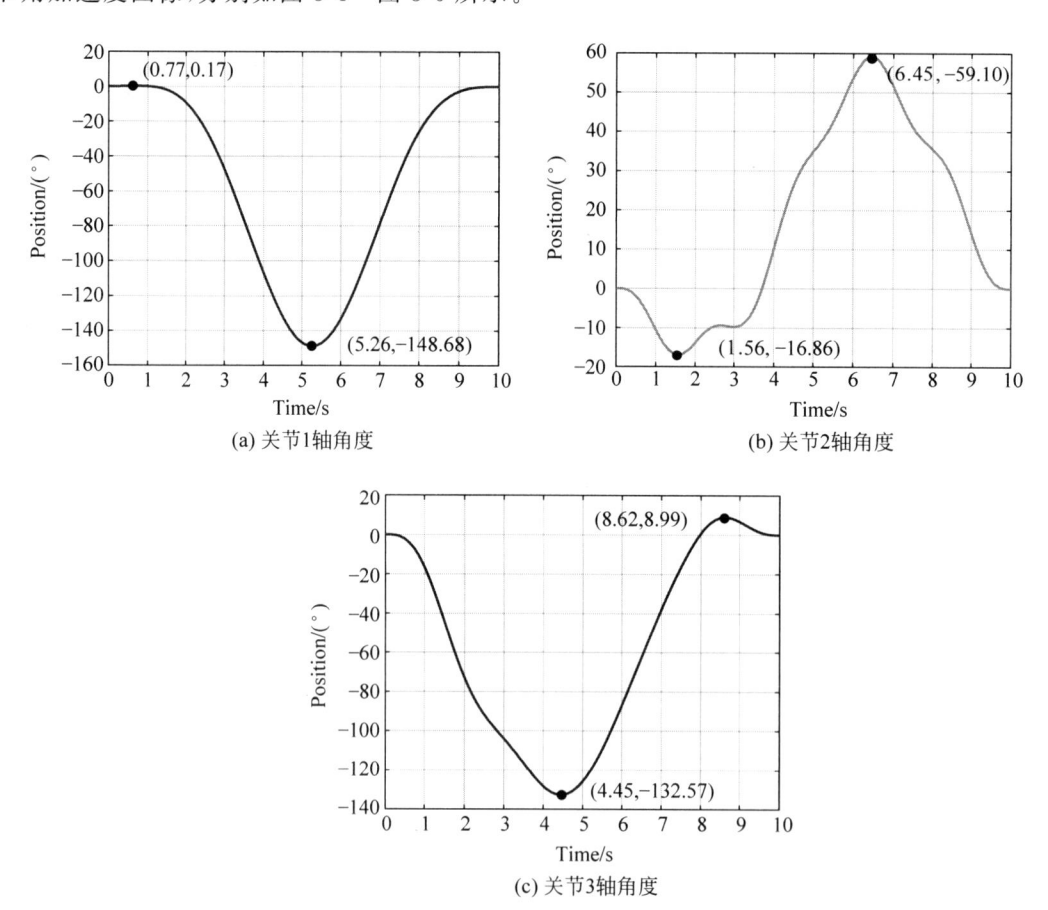

(a) 关节1轴角度

(b) 关节2轴角度

(c) 关节3轴角度

图 3-4　激励轨迹各关节角度曲线

(a) 关节1轴角速度

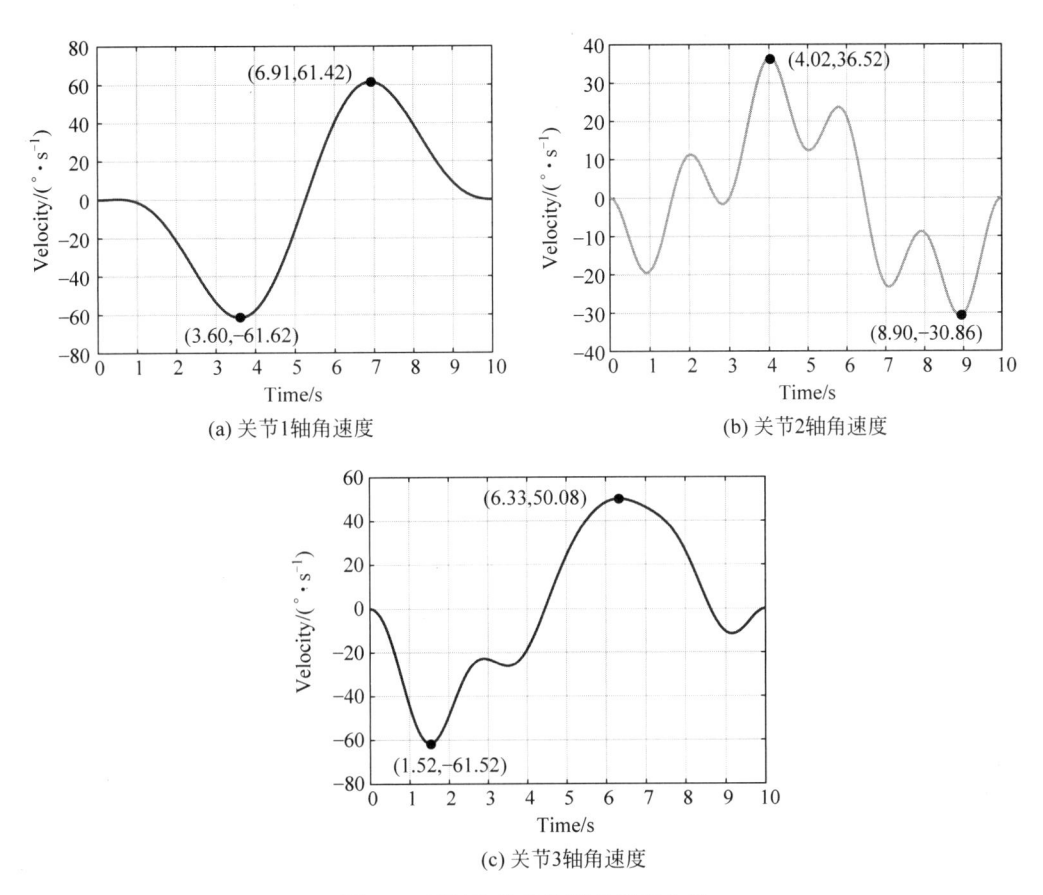

(b) 关节2轴角速度

(c) 关节3轴角速度

图 3-5　激励轨迹各关节角速度曲线

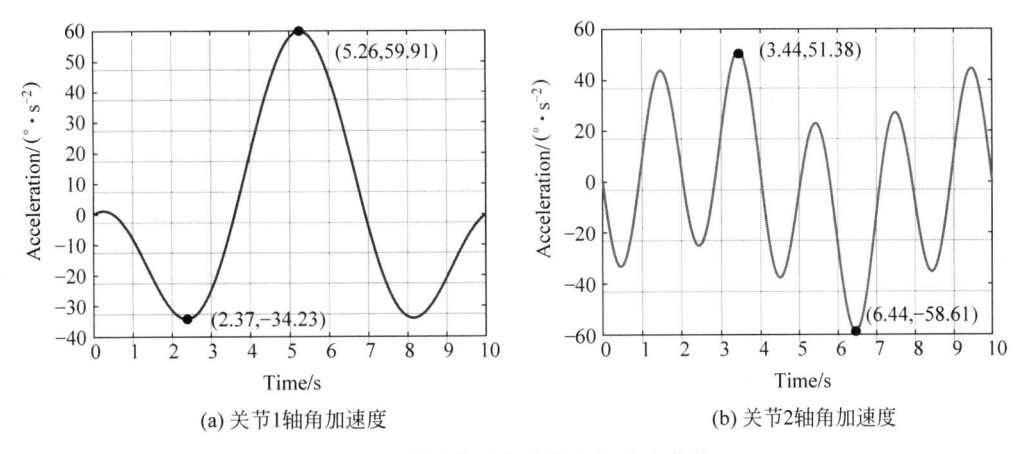

(a) 关节1轴角加速度

(b) 关节2轴角加速度

图 3-6　激励轨迹各关节角加速度曲线

(c) 关节3轴角加速度

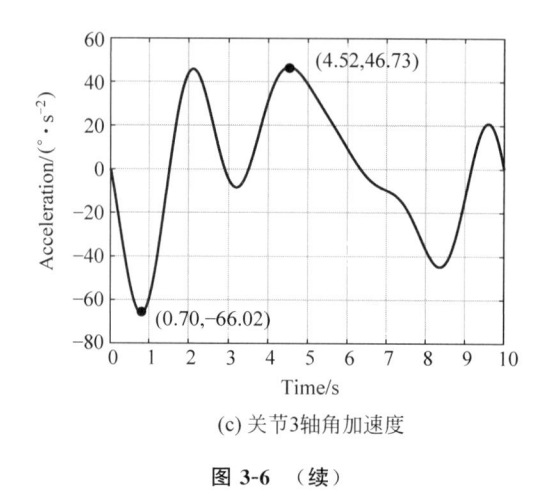

图 3-6 （续）

图 3-4～图 3-6 中，时间单位为秒(s)，关节角度、角速度和角加速度均采用角度制。查阅 ER16 机器人机械手册可知，激励轨迹的运动符合机械约束。另外，虽然在求解的激励轨迹中，各关节的运动范围不可能同时达到其最大限度，但这并不影响 min cond($\boldsymbol{H}_\tau$) 的设计目标，选取的激励轨迹仅为众多求解结果中较为理想的一组解。

4. 参数辨识结果

接下来将采用前文得到的激励轨迹进行数据采集与动力学参数辨识工作。值得一提的是，由于采集关节角度值、力矩值时，数据信号中存在各种机械偏差与噪声干扰，一般需要采用滤波算法对数据进行预处理。本书所介绍的参数辨识工作所采集的($\boldsymbol{q}, \dot{\boldsymbol{q}}, \ddot{\boldsymbol{q}}$)基于巴特沃斯滤波、零相位数字滤波及中心差分法求得，所采集的力矩值基于低通滤波方法及 RLOESS 方法得到。

一般情况下，主要存在两类动力学参数辨识的方案。第一种方案是离线辨识，利用机器人周期性地运行激励轨迹所得的整组采样信号值，通过一次计算直接求得动力学的参数值（最小参数集）；第二种方案则是在线辨识，即每获取一次采样值都会更新参数估计值。由于离线辨识的方法更容易实现，并且不需要考虑初始状态，计算开销小，因而在实际中应用更广泛。

本书介绍的辨识方案是一种离线的辨识方案。根据式(3-28)，采集 M 组数据后可构成观测矩阵 $\boldsymbol{\Phi}$，$\boldsymbol{\Phi}$ 矩阵中的每一行代表一次数据采样的结果：

$$\boldsymbol{\Phi} = \begin{bmatrix} \boldsymbol{H}_M(\boldsymbol{q}_{t_1}, \dot{\boldsymbol{q}}_{t_1}, \ddot{\boldsymbol{q}}_{t_1}) \\ \boldsymbol{H}_M(\boldsymbol{q}_{t_2}, \dot{\boldsymbol{q}}_{t_2}, \ddot{\boldsymbol{q}}_{t_2}) \\ \vdots \\ \boldsymbol{H}_M(\boldsymbol{q}_{t_N}, \dot{\boldsymbol{q}}_{t_N}, \ddot{\boldsymbol{q}}_{t_N}) \end{bmatrix} \qquad (3\text{-}32)$$

对应采样的力矩值矩阵为

$$\boldsymbol{\tau} = [\tau_{t_1}, \tau_{t_2}, \cdots, \tau_{t_n}]^\mathrm{T} \qquad (3\text{-}33)$$

对每次观测引入服从标准正态分布的随机噪声误差 ε，于是得到超定线性方程组，如式(3-34)所示。

$$\boldsymbol{\tau} = \boldsymbol{\Phi}(\boldsymbol{q},\dot{\boldsymbol{q}},\ddot{\boldsymbol{q}})\boldsymbol{X}_{\min} + \varepsilon \tag{3-34}$$

于是，利用最小二乘法即可直观地求解最小参数集 $\boldsymbol{X}_{\min}$。在实际采样过程中，由于采样点之间并不存在线性关系，故采用最小二乘法进行参数估计的结果为式(3-34)。

$$\boldsymbol{X}_{\min\_LS} = (\boldsymbol{\Phi}^{\mathrm{T}}\boldsymbol{\Phi})^{-1}\boldsymbol{\Phi}^{\mathrm{T}}\boldsymbol{Q} \tag{3-35}$$

式中，$(\boldsymbol{\Phi}^{\mathrm{T}}\boldsymbol{\Phi})^{-1}\boldsymbol{\Phi}^{\mathrm{T}}$ 为 $\boldsymbol{\Phi}$ 矩阵的广义逆矩阵。考虑随机噪声误差 ε 后，在式(3-35)中加入力矩测量值噪声标准差的协方差矩阵，进一步改写为式(3-36)。

$$\boldsymbol{X}_{\mathrm{WLS}} = (\boldsymbol{\Phi}^{\mathrm{T}}\boldsymbol{\Sigma}^{-1}\boldsymbol{\Phi})^{-1}\boldsymbol{\Phi}^{\mathrm{T}}\boldsymbol{\Sigma}^{-1}\boldsymbol{Q} \tag{3-36}$$

于是，得到了最小参数集的结果，如表 3-5 所示。

表 3-5 ER16 前三轴动力学最小参数集　　　　　　单位：kg·m²

$\boldsymbol{X}_{\mathrm{WLS}}(1)$	$\boldsymbol{X}_{\mathrm{WLS}}(2)$	$\boldsymbol{X}_{\mathrm{WLS}}(3)$	$\boldsymbol{X}_{\mathrm{WLS}}(4)$	$\boldsymbol{X}_{\mathrm{WLS}}(5)$	$\boldsymbol{X}_{\mathrm{WLS}}(6)$	$\boldsymbol{X}_{\mathrm{WLS}}(7)$
9.53	28.07	−22.10	5.32	3.79	72.68	41.69
$\boldsymbol{X}_{\mathrm{WLS}}(8)$	$\boldsymbol{X}_{\mathrm{WLS}}(9)$	$\boldsymbol{X}_{\mathrm{WLS}}(10)$	$\boldsymbol{X}_{\mathrm{WLS}}(11)$	$\boldsymbol{X}_{\mathrm{WLS}}(12)$	$\boldsymbol{X}_{\mathrm{WLS}}(13)$	$\boldsymbol{X}_{\mathrm{WLS}}(14)$
−0.93	−6.04	13.18	−9.30	−2.14	6.93	10.23
$\boldsymbol{X}_{\mathrm{WLS}}(15)$	$\boldsymbol{X}_{\mathrm{WLS}}(16)$	$\boldsymbol{X}_{\mathrm{WLS}}(17)$	$\boldsymbol{X}_{\mathrm{WLS}}(18)$	$\boldsymbol{X}_{\mathrm{WLS}}(19)$	$\boldsymbol{X}_{\mathrm{WLS}}(20)$	$\boldsymbol{X}_{\mathrm{WLS}}(21)$
−5.21	157.26	26.14	618.03	65.03	73.43	29.30

至此，完成了动力学参数辨识的全过程。在已辨识的动力学模型的基础上，可进一步开展机器人阻抗控制的研究。

3.1.3 基于动力学的阻抗控制

完成了机器人的动力学参数辨识以后，我们对机器人的关节广义力与机器人的运动之间的关系有了充分的了解。在机器人的动力学参数得到良好辨识的前提下，机器人在自由空间运动时，可以根据期望的 $(\boldsymbol{q},\dot{\boldsymbol{q}},\ddot{\boldsymbol{q}})$ 而计算出关节驱动器所需的广义力 $\boldsymbol{\tau}$，从而实现机器人的轨迹跟踪。

本章的开头介绍了阻抗控制的模型，为机器人与外界的接触过程中机器人表现出的受力特性提供了控制理论支撑，计算出了机器人末端在与环境接触过程中对外输出的力。进一步结合动力学，应该如何考虑关节电机的力矩输出与末端接触力之间的关系呢？

设机器人末端受力大小为 $-\boldsymbol{f}_{\mathrm{ext}}$，引入机器人的力雅可比矩阵 $\boldsymbol{J}^{\mathrm{T}}(\boldsymbol{q})$，可以将其等效至关节上的阻力 $\boldsymbol{\tau}_{\mathrm{ext}}$，如式(3-37)：

$$\boldsymbol{\tau}_{\mathrm{ext}} = \boldsymbol{J}^{\mathrm{T}}(\boldsymbol{q})(-\boldsymbol{f}_{\mathrm{ext}}) \tag{3-37}$$

继续补偿机器人运动过程中驱动器所需提供的广义力。将机器人的动力学方程(3-10)与机器人的力雅可比矩阵相结合,则有:

$$\begin{aligned}\boldsymbol{\tau}_{\text{comp}} &= \boldsymbol{D}(\boldsymbol{q})\ddot{\boldsymbol{q}} + \boldsymbol{h}(\boldsymbol{q},\dot{\boldsymbol{q}}) + \boldsymbol{G}(\boldsymbol{q}) \\ &= \boldsymbol{J}^{\text{T}}(\boldsymbol{q})[\widetilde{\boldsymbol{\Lambda}}(\boldsymbol{q})\ddot{\boldsymbol{x}} + \widetilde{\boldsymbol{\eta}}(\boldsymbol{q},\dot{\boldsymbol{x}})]\end{aligned} \qquad (3\text{-}38)$$

式中,$\widetilde{\boldsymbol{\Lambda}}(\boldsymbol{q})$为质量项$\boldsymbol{D}(\boldsymbol{q})$分离雅可比矩阵后得到的质量项矩阵,$\widetilde{\boldsymbol{\eta}}(\boldsymbol{q},\dot{\boldsymbol{x}})$为离心力、科里奥利力项$\boldsymbol{h}(\boldsymbol{q},\dot{\boldsymbol{q}})$及重力项$\boldsymbol{G}(\boldsymbol{q})$在分离雅可比矩阵后得到的综合项,本质上仍然在动力学参数辨识的过程中求解得到。此外,$\widetilde{\boldsymbol{\Lambda}}(\boldsymbol{q})$与$\widetilde{\boldsymbol{\eta}}(\boldsymbol{q},\dot{\boldsymbol{x}})$矩阵还完成了将关节速度$\dot{\boldsymbol{q}}$与关节加速度$\ddot{\boldsymbol{q}}$转换成机器人末端速度$\dot{\boldsymbol{x}}$与机器人末端加速度$\ddot{\boldsymbol{x}}$的过程。进一步地,将式(3-37)与式(3-38)结合,可以得到式(3-39)。

$$\begin{aligned}\boldsymbol{\tau} &= \boldsymbol{\tau}_{\text{comp}} + \boldsymbol{\tau}_{\text{ext}} \\ &= \boldsymbol{J}^{\text{T}}(\boldsymbol{q})[\widetilde{\boldsymbol{\Lambda}}(\boldsymbol{q})\ddot{\boldsymbol{x}} + \widetilde{\boldsymbol{\eta}}(\boldsymbol{q},\dot{\boldsymbol{x}}) - \boldsymbol{f}_{\text{ext}}]\end{aligned} \qquad (3\text{-}39)$$

我们希望机器人末端与外界接触时表现出"质量-阻尼-弹簧"的特性,继续引入阻抗控制模型得到式(3-40)。

$$\boldsymbol{\tau} = \boldsymbol{J}^{\text{T}}(\boldsymbol{q})[\widetilde{\boldsymbol{\Lambda}}(\boldsymbol{q})\ddot{\boldsymbol{x}} + \widetilde{\boldsymbol{\eta}}(\boldsymbol{q},\dot{\boldsymbol{x}}) - m\ddot{x} + b\dot{x} + kx] \qquad (3\text{-}40)$$

其中,选取阻抗/导纳系数时,需要满足二阶微分方程的稳定条件:$b \geqslant 2\sqrt{mk}$。至此,我们得到了基于动力学的机器人在与外界接触环境下的运动控制方程。针对上述的阻抗控制,其策略框图如图3-7所示。

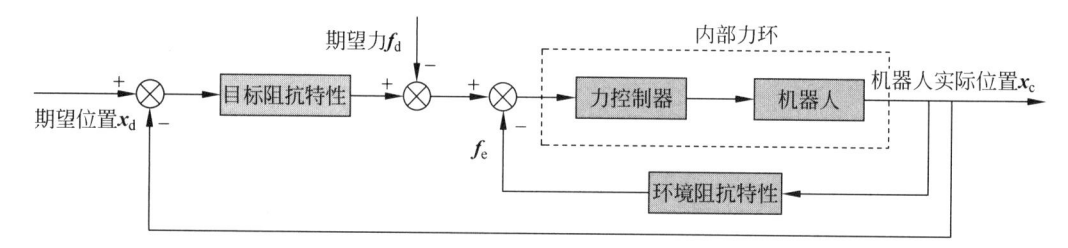

图3-7 基于力矩的阻抗控制策略框图

如前所述,阻抗控制要求接口为力矩控制模式的机器人。然而,目前市场上大部分使用的是接口为位置控制模式的工业机器人。基于伺服驱动的安全性与稳定性的考量,厂商一般不开放速度环与电流环,仅为用户提供位置接口,诸如点到点运动、关节运动、直线与圆弧运动等指令集,有极个别厂商可以提供较为底层的控制接口,如CSP(周期同步插补模式,如1ms为机器人控制器或驱动器发送一次插补值)。基于动力学的阻抗控制研究要求厂商必须开放机器人的电流环(力矩环),若想做好阻抗控制,还需要查询机器人是否在关节上安装力矩传感器为用户提供相对精准的力矩值,基于上述条件才能控制机器人在动力学参数辨识足够精准的前提下利用式(3-43)实现力控作业。目前由于动力学参数辨识与非线性控制难度大的问题限制了阻抗控制在机器人上的进一步应用。

3.2 混合位置/力控制

混合位置/力控制是实际应用场景中实现机器人运动状态下的接触作业的必要控制方法。前文已经系统地完成了基于机器人动力学的阻抗控制的分析。在动力学部分,我们期望通过已经完成辨识的动力学参数实现机器人的自由空间轨迹跟踪;在阻抗控制部分,对机器人末端的受力进行了建模,进一步结合机器人动力学辨识得到的参数,期望控制机器人完成定点接触式任务。下面将考虑对既有理论进一步分析、延拓,以满足实际工程的应用要求。

提到混合位置/力控制,读者可能会产生误解。一般情况下,并不会同时对机器人的末端发出同一方向上的力指令与位置指令,而是在空间中的同一方向上仅采用其中一种指令,在不同的方向上采取需要的控制策略。为了帮助读者更好地理解这一问题,此处给出如下示例。

假设将一个二维环境模型建立为阻尼模型,即 $\boldsymbol{f}=\boldsymbol{B}_{\mathrm{env}}\boldsymbol{v}$,其中:

$$\boldsymbol{B}_{\mathrm{env}}=\begin{bmatrix} 2 & 1 \\ 1 & 1 \end{bmatrix} \tag{3-41}$$

分析上面的阻尼公式,$\boldsymbol{f}_1=2\boldsymbol{v}_1+\boldsymbol{v}_2$,$\boldsymbol{f}_2=\boldsymbol{v}_1+\boldsymbol{v}_2$。由于 $\boldsymbol{B}_{\mathrm{env}}$ 是非对角矩阵,因此可以分别给定 $\boldsymbol{f}_1$ 和 $\boldsymbol{v}_1$,但是此时 $\boldsymbol{v}_2$ 是确定值,导致 $\boldsymbol{f}_2$ 被确定,这是不符合约束要求的。所以,不能在同一方向上同时发出位置指令与力指令。

混合位置/力控制在不同的自由度上给出了不同的控制。在实际接触场景中,机器人工程师需要准确把握任务中不同自由度中存在的约束性质,从而完成混合位置/力控制器的设计。

3.2.1 自然约束和人工约束

首先对于 n 维空间的任务,一般情况下有 $2n$ 个可能存在的约束(每一个维度均存在该维度上的位置约束与力约束),比如机器人末端在工作状态下的 6 维空间 (x,y,z,R,P,Y),存在最多达 12 个约束 $(v_x,v_y,v_z,w_x,w_y,w_z,f_x,f_y,f_z,n_x,n_y,n_z)$。

机器人执行任务时受到的约束一般有两种来源,一种是自然约束(natural constraints),另一种是人工约束(artificial constraints)。自然约束是自然存在的,与环境的几何特性有关,与机器人末端的运动轨迹无关,也就是说可以利用任务的几何关系定义位置或力的自然约束条件。人工约束是人为给定的约束,用来描述机器人预期的运动或施加的力;在机器人的力控制问题上,为机器人施加的位置控制或力控制属于人工约束的一种。

以机器人执粉笔在黑板上写字为例,假如粉笔与黑板接触时没有摩擦力,根据黑板的几何位置定义位置和力的自然约束:黑板面的垂直方向存在位置的自然约束(v_z),此时可以施加力控制(f_z);粉笔沿黑板表面有两个切向力为零的自然约束(f_x,f_y),此时可以施加轨迹控制(v_x,v_y);由于粉笔与黑板的接触点处没有力矩作用,因此有绕接触点的3个力矩为0的自然约束(n_x,n_y,n_z),可以施加方向控制(w_x,w_y,w_z)。由上可知,自然约束包括$(v_z,f_x,f_y,n_x,n_y,n_z)$,人工约束包括$(f_z,v_x,v_y,w_x,w_y,w_z)$。

对于给定的自由度,不能对力和位置进行同时控制,不是按自然约束就是按人工约束决定每个自由度的位置和力,因此自然约束和人工约束的条件数相等,它们等于约束空间的自由度数。

3.2.2 混合位置/力控制器

介绍完约束量之后,再介绍针对机器人应用场景的混合位置/力控制器(hybrid motion-force controller)。在实际场景中,机器人末端执行器与环境接触有两种极端状态,一种是末端执行器在空间中自由运动,即与环境没有力的相互作用。此时自然约束完全是关于接触力的约束,约束条件为$F=0$,也就是说末端不能在任何方向上施加力,而可以在位置的6个自由度上运动。另外一种是末端与环境固定不变,此时末端不能自由地改变位置,即对末端的自然约束是6个位置约束,而在它的6个自由度上可以施加力和力矩。

上述两种极端状态,第一种状态属于纯位置控制问题,第二种状态在实际中很少出现,多数情况是一部分自由度受到位置约束,另外一部分自由度受到力约束,此时需要上述的混合位置/力控制的方式。

混合位置/力控制必须解决下述3个问题:

(1) 在有力自然约束的方向上施加位置控制;

(2) 在有位置自然约束的方向上施加力控制;

(3) 在任意约束坐标系的正交自由度上施加位置与力的混合控制。

以上问题要求控制器中应包含合适的选择矩阵,以便在混合位置/力控制过程中根据约束类型进行位置/力控制转换。此外,仍需要将3.1节中的控制律优化为闭环控制。首先考虑任务空间中的位置控制器。在任务空间中,动力学方程将产生如下变化:

$$\boldsymbol{\mathcal{F}}_b = \boldsymbol{\Lambda}(\boldsymbol{q})\dot{\boldsymbol{\mathcal{V}}}_b + \eta(\boldsymbol{q},\boldsymbol{\mathcal{V}}_b) \tag{3-42}$$

式中,如果用$\mathfrak{R}^6$表示六维旋量空间,则$\boldsymbol{\mathcal{F}}_b \in \mathfrak{R}^6$表示末端执行器的力旋量,由末端执行器的三维旋量扭矩和三维旋量力拼接而成,其与关节力矩$\boldsymbol{\tau}$存在$\boldsymbol{\tau}=\boldsymbol{J}_b^\mathrm{T}(\boldsymbol{q})\boldsymbol{\mathcal{F}}_b$的关系;$\boldsymbol{\mathcal{V}}_b=(\boldsymbol{\omega}_b,\boldsymbol{v}_b)\in \mathfrak{R}^6$代表末端执行器在坐标系{b}中的运动旋量,其与关节速度$\dot{\boldsymbol{q}}$存在$\boldsymbol{\mathcal{V}}=\boldsymbol{J}(\boldsymbol{q})\dot{\boldsymbol{q}}$的关系。进一步地,从误差动力学角度考虑机器人的位置控制,将关节误差以旋量的形式定义为

$$[\boldsymbol{\mathcal{X}}_e] = \log(\boldsymbol{\mathcal{X}}^{-1}\boldsymbol{\mathcal{X}}_d) \tag{3-43}$$

式中,空间中的旋量$\boldsymbol{\mathcal{X}}(t) \in SE(3)$表示机器人的实际形位,$\boldsymbol{\mathcal{X}}_e$表示机器人的形位误差,$\boldsymbol{\mathcal{X}}_d$表示机器人的期望形位。考虑对机器人的加速度误差$\boldsymbol{\mathcal{V}}_e$引入输入量为$\boldsymbol{\mathcal{X}}_e$的PID控制率,得到式(3-44)。

$$0 = \dot{\mathcal{V}}_e + K_p \mathcal{X}_e + K_i \int \mathcal{X}_e(t) dt + K_d \mathcal{V}_e \tag{3-44}$$

式中,$\{K_p, K_i, K_d\}$分别代表对应的 PID 参数。在速度误差旋量$\mathcal{V}$与加速度误差旋量$\dot{\mathcal{V}}_e$的转换关系中,有:

$$\mathcal{V}_e = [\mathrm{Ad}_{\mathcal{X}_b^{-1}\mathcal{X}_d}] \mathcal{V}_d - \mathcal{V}_b \tag{3-45}$$

$$\dot{\mathcal{V}}_e = \frac{\mathrm{d}}{\mathrm{d}t}([\mathrm{Ad}_{\mathcal{X}_b^{-1}\mathcal{X}_d}] \mathcal{V}_d) - \dot{\mathcal{V}}_b \tag{3-46}$$

式中,旋量的加减计算需要在同一坐标系下进行才有意义;变换$[\mathrm{Ad}_{\mathcal{X}^{-1}\mathcal{X}_d}]$代表将期望速度旋量$\mathcal{V}_d$在$\mathcal{X}_b$坐标系(机器人真实形位下的坐标系)中进行表示的变换旋量,$[\mathrm{Ad}_{\mathcal{X}_b^{-1}\mathcal{X}_d}]\mathcal{V}_d$为变换后的结果;加速度旋量的处理方法也基本一致。回顾机器人动力学方程式(3-44),其中包含的项是$\dot{\mathcal{V}}_b$,于是将式(3-44)代入式(3-46)得到了$\dot{\mathcal{V}}_b$的表达式(3-47),继续将式(3-41)代入,得到式(3-48)。

$$\dot{\mathcal{V}}_b = \frac{\mathrm{d}}{\mathrm{d}t}([\mathrm{Ad}_{\mathcal{X}^{-1}\mathcal{X}_d}] \mathcal{V}_d) + K_p \mathcal{X}_e + K_i \int \mathcal{X}_e(t) dt + K_d \mathcal{V}_e \tag{3-47}$$

$$\boldsymbol{\tau}_1 = \boldsymbol{J}_b^{\mathrm{T}}(\boldsymbol{q}) \left(\tilde{\boldsymbol{\Lambda}}(\boldsymbol{q}) \left(\frac{\mathrm{d}}{\mathrm{d}t}([\mathrm{Ad}_{\mathcal{X}^{-1}\mathcal{X}_d}] \mathcal{V}_d) + K_p \mathcal{X}_e + K_i \int \mathcal{X}_e(t) dt + K_d \mathcal{V}_e \right) + \tilde{\boldsymbol{\eta}}(\boldsymbol{q}, \mathcal{V}_b) \right) \tag{3-48}$$

式中,$\{\tilde{\boldsymbol{\Lambda}}, \tilde{\boldsymbol{\eta}}\}$代表机器人的动力学模型,$\boldsymbol{J}_b^{\mathrm{T}}(\boldsymbol{q})$代表雅可比矩阵。至此,我们基于 PID 控制,以$\mathcal{X}_e$为控制量完成了机器人在任务空间中的控制方程的推导,完成了混合位置/力控制的第一步。进一步地,将机器人实际力旋量$\mathcal{F}_{\mathrm{tip}}$定义在与$\boldsymbol{J}_b^{\mathrm{T}}(\boldsymbol{q})$相同的坐标系中,将力旋量误差$\mathcal{F}_e$引入 PI 控制律,即有式(3-49):

$$\boldsymbol{\tau}_2 = \boldsymbol{J}_b^{\mathrm{T}}(\boldsymbol{q}) \left[\mathcal{F}_d + K_{\mathrm{fp}} \mathcal{F}_e + K_{\mathrm{fi}} \int \mathcal{F}_e(t) dt \right] \tag{3-49}$$

式中,力旋量误差满足关系$\mathcal{F}_e = \mathcal{F}_d - \mathcal{F}_{\mathrm{tip}}$,其中$\mathcal{F}_d$为机器人期望力旋量。得到完整的力控制率之后,我们希望将力控制率与位置控制率相结合,在不同的方向上对力控制或位置控制进行选择。引入选择矩阵$\boldsymbol{P}(\theta)$。$\boldsymbol{P}(\theta)$是一个满秩矩阵,它的作用在于通过$\boldsymbol{P}(\theta)\mathcal{F}$的方式将任意一个力旋量$\mathcal{F}$投影到约束方向的垂直面上;而$[\boldsymbol{I} - \boldsymbol{P}(\theta)]\mathcal{F}$则将力旋量$\mathcal{F}$投影到约束方向所在的直线上。在实际例子中,黑板的平面即约束方向的垂直面,粉笔与黑板接触点所在的平面法线即为约束方向所在的直线。显然,我们希望在法线方向上对机器人进行力控制,对机器人执粉笔在平面上的运动进行位置控制,以达到机器人自然书写的目的,于是有式(3-50)。

$$\begin{aligned}\boldsymbol{\tau} &= \boldsymbol{\tau}_1 + \boldsymbol{\tau}_2 \\ &= \boldsymbol{J}_b^{\mathrm{T}}(\boldsymbol{q}) \Big\{ \boldsymbol{P}(\theta) \Big[\tilde{\boldsymbol{\Lambda}}(\boldsymbol{q}) \Big(\frac{\mathrm{d}}{\mathrm{d}t}([\mathrm{Ad}_{\mathcal{X}^{-1}\mathcal{X}_d}] \mathcal{V}_d) + K_p \mathcal{X}_e + K_i \int \mathcal{X}_e(t) dt + K_d \mathcal{V}_e \Big) \Big] + \\ &\quad [\boldsymbol{I} - \boldsymbol{P}(\theta)] \Big[\mathcal{F}_d + K_{\mathrm{fp}} \mathcal{F}_e + K_{\mathrm{fi}} \int F_e(t) dt \Big] + \tilde{\boldsymbol{\eta}}(\boldsymbol{q}, \mathcal{V}_b) \Big\} \end{aligned}$$

$$\tag{3-50}$$

这就是机器人混合位置/力控制的完整方程。但是,控制位置/力混合也存在局限性,我们将可能存在的问题总结如下。

(1) 上述推导是基于环境假设为刚体的情况,即由于环境模型存在一定的不确定性,往往并不一定满足 Pfaffian 约束条件:$A(\theta)\mathcal{V}=0[A(\theta)\in\Re^{k\times 6}$ 矩阵为约束条件矩阵,此条件由机器人所受的自然约束导出,为得出选择矩阵 $P(\theta)$ 的前提条件]。对于环境刚度不确定性的情况,可以在线实时辨识环境刚度,也可以牺牲一些性能,比如调整运动控制器或力控制器的 PI 参数使力控制器容许更大的误差波动。

(2) 若外界环境发生变化,末端执行器的某个自由度可能由原来的力控制改为轨迹控制,原来的轨迹控制可能要改为力控制。此时,对于某个自由度而言,需要在轨迹控制和力控制两种模式下来回切换,为控制器的设计带来很多的不便。

(3) 在实际应用中,混合位置/力控制与阻抗控制的接口要求相同,即需要力矩环控制实现,机器人厂商需要向测试者开放关节电流环或在机器人关节处安装力矩传感器,这对于市面上存在的仅开放位置环的机器人而言是有难度的。

3.3 导纳控制

导纳控制与阻抗控制相生相对,第 2 章已介绍导纳控制的基本概念,其策略框图可以表示为图 3-8。

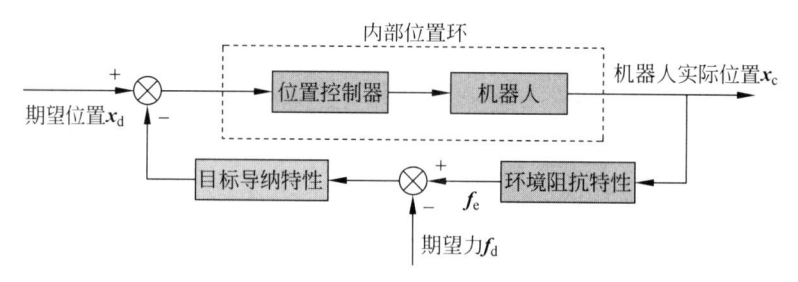

图 3-8 导纳控制的策略框图

由 3.1 节关于阻抗控制的论述可以知道,基于阻抗控制的机器人力控方式高度依赖机器人动力学,依赖对关节驱动器输出力矩的精准测量与控制,精准的动力学参数为控制律架起了从机器人关节力矩到机器人运动之间的桥梁。然而在导纳控制方面,机器人可以通过在机器人末端加装六维力传感器的方式直接获取外部力 f_e,从而根据力控模型在机器人的位置控制环上对机器人的位置进行控制。

在实际应用场景中,机器人对外部力的获取方式依赖末端安装的力传感器。在机器人的负载较大、运行速度较快时,负载的重力与惯性力将影响机器人末端传感器对外部真实力的感知效果,力传感器、法兰及工具等机器人末端负载带来的额外重力与运动中的额外惯性力将影响机器人对真实外部力 f_e 的获取。采用精准、高效的负载辨识算法与重力/惯性力补偿算法消除干扰是实现导纳控制的必要工作。

3.3.1 机器人负载辨识算法与重力/惯性力补偿算法

如前文所言,针对机器人在有效载荷较大、运行速度较快时的重力与惯性力干扰问题,需要设计负载辨识算法与重力/惯性力补偿算法以屏蔽力感知干扰。一般地,重力补偿算法借助末端六维力传感器采集不同位姿下的力传感器数据,进而根据建立的重力/惯性力补偿模型计算并得到补偿值。本书将提供一种基于激励轨迹的机器人负载重力/惯性力快速辨识和补偿算法,快速、准确地实现机器人的重力补偿和惯性力补偿效果。

采用六维力传感器进行力补偿数据采集时,其采集的数据应包含4部分:负载重力、负载惯性力、传感器自身系统误差和负载所受外部接触力。

六维力传感器一般安装在机器人末端的法兰与工具之间,当负载姿态随着作业而改变时,虽然重力方向始终竖直向下,但是负载重力作用在传感器坐标系各轴上的分量将随着机器人末端姿态的变化而变化。我们首先分析机器人末端传感器的受力情况,如图3-9所示。

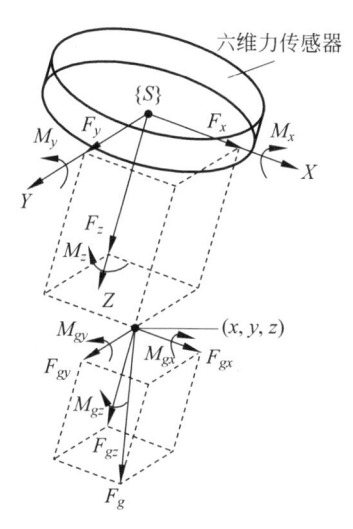

图 3-9 机器人末端力传感器受力示意图

设定六维力传感器自身坐标系为{FT},机器人末端坐标系为{E},机器人基坐标系为{B},世界坐标系为{W},则传感器坐标系相对于机器人末端坐标系的齐次变换矩阵为$_{FT}^{E}\boldsymbol{T}$。对于任意给定的末端位姿$_{E}^{B}\boldsymbol{T}$,末端工具的重力在{FT}坐标系的各个轴上均有分量。假设负载重力为G,负载重心在传感器坐标系中的坐标为(x,y,z),则负载重力在传感器坐标系下的作用力分量分别为(G_x,G_y,G_z),作用力矩分别为(T_{gx},T_{gy},T_{gz}),且满足式(3-51):

$$\begin{cases} T_{gx}=G_y \times z - G_z \times y \\ T_{gy}=G_z \times x - G_x \times z \\ T_{gz}=G_x \times y - G_y \times x \end{cases} \tag{3-51}$$

考虑六维力传感器在产品出厂标定时存在零漂现象,对力传感器的零点进行重新标定辨识,则在传感器的静止零接触状态将其零点值与实测值的关系表示为式(3-52)。

$$(G_x, G_y, G_z, T_{gx}, T_{gy}, T_{gz})^T = \underbrace{(F_x, F_y, F_z, T_x, T_y, T_z)^T}_{\text{传感器实测值}} - \underbrace{(F_{x_0}, F_{y_0}, F_{z_0}, T_{x_0}, T_{y_0}, T_{z_0})^T}_{\text{传感器零点值}} \tag{3-52}$$

进一步地,将其中的常数项(x, y, z)与$(F_{x_0}, F_{y_0}, F_{z_0}, T_{x_0}, T_{y_0}, T_{z_0})^T$进行汇总,以便得到矩阵形式(3-54)。

$$\begin{cases} k_1 = T_{x_0} + F_{z_0} \times y - F_{y_0} \times z \\ k_2 = T_{y_0} + F_{x_0} \times z - F_{z_0} \times x \\ k_3 = T_{z_0} + F_{y_0} \times x - F_{x_0} \times y \end{cases} \tag{3-53}$$

$$\begin{bmatrix} T_x \\ T_y \\ T_z \end{bmatrix} = \begin{bmatrix} 0 & -F_z & F_y & 1 & 0 & 0 \\ F_z & 0 & -F_x & 0 & 1 & 0 \\ -F_y & F_x & 0 & 0 & 0 & 1 \end{bmatrix} \begin{bmatrix} x \\ y \\ z \\ k_1 \\ k_2 \\ k_3 \end{bmatrix} \tag{3-54}$$

为了获得精准的辨识结果,可采集 N 组数据($N \geqslant 3$),且至少有 3 个姿态下机器人末端的法向量不共面,得到式(3-55)。令其中的 $\boldsymbol{\beta} = \begin{bmatrix} x & y & z & k_1 & k_2 & k_3 \end{bmatrix}^T$,则其矩阵形式可进一步表示为式(3-56)。

$$\begin{bmatrix} T_{x_1} \\ T_{y_1} \\ T_{z_1} \\ T_{x_2} \\ T_{y_2} \\ T_{z_2} \\ \vdots \\ T_{x_N} \\ T_{y_N} \\ T_{z_N} \end{bmatrix} = \begin{bmatrix} 0 & -F_{z_1} & F_{y_1} & 1 & 0 & 0 \\ F_{z_1} & 0 & -F_{x_1} & 0 & 1 & 0 \\ -F_{y_1} & F_{x_1} & 0 & 0 & 0 & 1 \\ 0 & -F_{z_2} & F_{y_2} & 1 & 0 & 0 \\ F_{z_2} & 0 & -F_{x_2} & 0 & 1 & 0 \\ -F_{y_2} & F_{x_2} & 0 & 0 & 0 & 1 \\ & & \vdots & & & \\ 0 & -F_{z_N} & F_{y_N} & 1 & 0 & 0 \\ F_{z_N} & 0 & -F_{x_N} & 0 & 1 & 0 \\ -F_{y_N} & F_{x_N} & 0 & 0 & 0 & 1 \end{bmatrix} \begin{bmatrix} x \\ y \\ z \\ k_1 \\ k_2 \\ k_3 \end{bmatrix} \tag{3-55}$$

$$\boldsymbol{\tau} = \boldsymbol{F} \cdot \boldsymbol{\beta} \tag{3-56}$$

式中,$\boldsymbol{F}$ 由传感器的实测力及单位矩阵组成,$\boldsymbol{\tau}$ 由传感器的实测力矩组成。显然,由 N 次数据组合而成的矩阵 $\boldsymbol{F}$ 为非满秩的超定矩阵。类似于前文对动力学参数辨识方法中的最小参数集求解过程,对于包含六维传感器零点值、负载重心坐标等相关参数的参数集$\boldsymbol{\beta}$,给出$\boldsymbol{\beta}$的最小二乘解为

$$\boldsymbol{\beta} = (\boldsymbol{F}^{\mathrm{T}}\boldsymbol{F})^{-1} \cdot \boldsymbol{F}^{\mathrm{T}}\boldsymbol{\tau} \tag{3-57}$$

继续考虑基座安装倾角带来的影响,设定机器人基座与世界坐标系存在安装倾角U和V,U和V分别为基座与世界坐标系在x轴和y轴方向上的偏角。机器人基坐标系与世界坐标系的关系满足式(3-58)。传感器坐标系与基坐标系的变换关系为

$$^{\mathrm{W}}_{\mathrm{B}}\boldsymbol{R} = \begin{bmatrix} 1 & 0 & 0 \\ 0 & \cos U & -\sin U \\ 0 & \sin U & \cos U \end{bmatrix} \begin{bmatrix} \cos V & 0 & \sin V \\ 0 & 1 & 0 \\ -\sin V & 0 & \cos V \end{bmatrix} \tag{3-58}$$

设定重力在世界坐标系下的方向向量为$\boldsymbol{g}_{\mathrm{W}} = (0,0,-1)^{\mathrm{T}}$,则在倾角的影响下,负载在传感器坐标系中的方向向量如式(3-59)所示。

$$\boldsymbol{g}_{\mathrm{FT}} = {}^{\mathrm{FT}}_{\mathrm{B}}\boldsymbol{R} \cdot {}^{\mathrm{B}}_{\mathrm{W}}\boldsymbol{R} \cdot \boldsymbol{g}_{\mathrm{W}} = {}^{\mathrm{B}}_{\mathrm{FT}}\boldsymbol{R}^{\mathrm{T}} \cdot {}^{\mathrm{W}}_{\mathrm{B}}\boldsymbol{R}^{\mathrm{T}} \cdot \boldsymbol{g}_{\mathrm{W}} = {}^{\mathrm{B}}_{\mathrm{FT}}\boldsymbol{R}^{\mathrm{T}} \begin{bmatrix} \cos U \cdot \sin V \\ -\sin U \\ -\cos U \cdot \cos V \end{bmatrix} \tag{3-59}$$

式中,${}^{\mathrm{FT}}_{\mathrm{B}}\boldsymbol{R}$为传感器坐标系相对于基坐标系的旋转矩阵。

$$^{\mathrm{B}}_{\mathrm{FT}}\boldsymbol{R} = \boldsymbol{R}_Z(A)\boldsymbol{R}_Y(B)\boldsymbol{R}_X(C) \tag{3-60}$$

回顾式(3-52),可得传感器的读数与安装倾角的关系:

$$\begin{bmatrix} F_x \\ F_y \\ F_z \end{bmatrix} = \begin{bmatrix} G_x \\ G_y \\ G_z \end{bmatrix} + \begin{bmatrix} F_{x_0} \\ F_{y_0} \\ F_{z_0} \end{bmatrix} = {}^{\mathrm{B}}_{\mathrm{FT}}\boldsymbol{R}^{\mathrm{T}} \begin{bmatrix} G \cdot \cos U \cdot \sin V \\ -G \cdot \sin U \\ -G \cdot \cos U \cdot \cos V \end{bmatrix} + \begin{bmatrix} F_{x_0} \\ F_{y_0} \\ F_{z_0} \end{bmatrix} \tag{3-61}$$

将式(3-61)整理成矩阵形式,得到式(3-62)。

$$\begin{bmatrix} F_x \\ F_y \\ F_z \end{bmatrix} = \begin{bmatrix} {}^{\mathrm{B}}_{\mathrm{FT}}\boldsymbol{R}^{\mathrm{T}} & | & \boldsymbol{I} \end{bmatrix} \begin{bmatrix} L_x \\ L_y \\ L_z \\ F_{x_0} \\ F_{y_0} \\ F_{z_0} \end{bmatrix} \tag{3-62}$$

式中,$\boldsymbol{I}$为单位矩阵,(L_x,L_y,L_z)的含义为

$$\begin{cases} L_x = G \cdot \cos U \cdot \sin V \\ L_y = -G \cdot \sin U \\ L_z = -G \cdot \cos U \cdot \cos V \end{cases} \tag{3-63}$$

参照前文采用最小二乘法测定参数集的思路,采集N组数据后写出倾角参数$\boldsymbol{l} = [L_x, L_y, L_z, F_{x_0}, F_{y_0}, F_{z_0}]^{\mathrm{T}}$的最小二乘解如下:

$$l = (\mathbf{R}^{\mathrm{T}}\mathbf{R})^{-1} \cdot \mathbf{R}^{\mathrm{T}} f \tag{3-64}$$

传感器的力零点$(F_{x_0}, F_{y_0}, F_{z_0})$将在这个过程中辨识得到,而力矩零点$(T_{x_0}, T_{y_0}, T_{z_0})$进一步在式(3-53)中可进行求解。安装倾角$(U, V)$及负载重力$G$可以通过几何关系解出,如式(3-65)所示:

$$\begin{cases} G = \sqrt{L_x^2 + L_y^2 + L_z^2} \\ U = \arcsin\left(-\dfrac{L_y}{G}\right) \\ V = \arctan\left(-\dfrac{L_x}{L_z}\right) \end{cases} \tag{3-65}$$

最后,需要计算传感器去除负载带来的重力干扰后感受到的外部力。求解得出G之后,计算负载重力在六维力传感器坐标系下的3个分量。

$$\begin{bmatrix} G_x \\ G_y \\ G_z \end{bmatrix} = G \cdot \boldsymbol{g}_{\mathrm{FT}} = {}^{\mathrm{B}}_{\mathrm{FT}}\mathbf{R}^{\mathrm{T}} \begin{bmatrix} L_x \\ L_y \\ L_z \end{bmatrix} \tag{3-66}$$

此处需要注意的是,(L_x, L_y, L_z)是一组由式(3-63)定义的向量。回顾式(3-51),得到了重力对力矩的影响(T_{gx}, T_{gy}, T_{gz})。

回顾一下我们的目标,需要对六维力传感器的读数进行重力补偿。在这里,通过实验并结合最小二乘法辨识得到(L_x, L_y, L_z)后,由式(3-65)得到需要补偿的负载重力(G_x, G_y, G_z),进一步由式(3-55)计算重力对力矩的补偿量(T_{gx}, T_{gy}, T_{gz})。此外,在式(3-64)的辨识中得到了六维力传感器的零点值$(F_{x_0}, F_{y_0}, F_{z_0})$,进一步在式(3-53)中完成对力矩零点$(T_{x_0}, T_{y_0}, T_{z_0})$的求解。于是,对于机器人作业中六维力传感器的读数,进行式(3-67)的处理,即完成了重力补偿的全过程。

$$\begin{cases} F_{ex} = F_x - F_{x_0} - G_x \\ F_{ey} = F_y - F_{y_0} - G_y \\ F_{ez} = F_z - F_{z_0} - G_z \\ T_{ex} = T_x - T_{x_0} - T_{gx} \\ T_{ey} = T_y - T_{y_0} - T_{gy} \\ T_{ez} = T_z - T_{z_0} - T_{gz} \end{cases} \tag{3-67}$$

对于负载的惯性力补偿方法,根据牛顿第二定律与刚体转动定律计算惯性补偿力和惯性补偿力矩,如式(3-68):

$$\begin{cases} \boldsymbol{F}_{\mathrm{comp}} = -m \cdot \boldsymbol{a} \\ \boldsymbol{T}_{\mathrm{comp}} = -J \cdot \boldsymbol{\alpha} \end{cases} \tag{3-68}$$

式中,m为负载的质量,$\boldsymbol{a}$为负载移动的加速度,J为负载的转动惯量,$\boldsymbol{\alpha}$为负载转动的角加速度。其中,加速度和角加速度均可通过安装在六维力传感器内部的加速度计直接读取得到,负载质量通过重力补偿辨识得到,负载的转动惯量根据理论力学的相关理论计算得到。在传感器的读数中加上补偿值,实现了完整的重力补偿与惯性力补偿过程。

为了快速计算出重力补偿数值与惯性力补偿数值,将重力与惯性力的合力综合表达为式(3-69),惯性力与惯性力矩的综合表达式为式(3-70)。

$$\begin{bmatrix} F_x \\ F_y \\ F_z \end{bmatrix} = {}_{FT}^{B}\boldsymbol{R}^T \begin{bmatrix} G \cdot \cos U \cdot \sin V \\ -G \cdot \sin U \\ -G \cdot \cos U \cdot \cos V \end{bmatrix} + \begin{bmatrix} F_{x_0} \\ F_{y_0} \\ F_{z_0} \end{bmatrix} + \frac{G}{g}\begin{bmatrix} a_x \\ a_y \\ a_z \end{bmatrix} \tag{3-69}$$

$$\begin{bmatrix} T_x \\ T_y \\ T_z \end{bmatrix} = \begin{bmatrix} 0 & F_z + \frac{G}{g}a_z & -F_y - \frac{G}{g}a_y & 1 & 0 & 1 \\ -F_z - \frac{G}{g}a_z & 0 & F_x + \frac{G}{g}a_x & 0 & 1 & 0 \\ F_y + \frac{G}{g}a_y & -F_x - \frac{G}{g}a_x & 0 & 0 & 0 & 1 \end{bmatrix} \begin{bmatrix} x \\ y \\ z \\ H_x \\ H_y \\ H_z \end{bmatrix} \tag{3-70}$$

采集 N 组数据后,为了完成最小二乘法的求解,参照之前的做法将式(3-68)的矩阵形式表达为式(3-71),式(3-72)的矩阵形式表达为式(3-73)。

$$\boldsymbol{F} = \boldsymbol{R}_L \boldsymbol{L} \tag{3-71}$$

$$\boldsymbol{T} = \boldsymbol{R}_H \boldsymbol{H} \tag{3-72}$$

式中,$\boldsymbol{L} = \left[L_x, L_y, L_z, F_{x_0} + \frac{G}{g}a_x, F_{y_0} + \frac{G}{g}a_y, F_{z_0} + \frac{G}{g}a_z\right]^T$ 是待辨识的力参数集,$\boldsymbol{H} = \begin{bmatrix} x & y & z & H_x & H_y & H_z \end{bmatrix}^T$ 是待辨识的力矩参数集。其最小二乘解分别为

$$\boldsymbol{L} = (\boldsymbol{R}^T\boldsymbol{R})^{-1} \cdot \boldsymbol{R}^T\boldsymbol{F} \tag{3-73}$$

$$\boldsymbol{H} = (\boldsymbol{R}^T\boldsymbol{R})^{-1} \cdot \boldsymbol{R}^T\boldsymbol{T} \tag{3-74}$$

式(3-69)和式(3-70)中,未知参数分别为负载重力值 G、机座安装倾角(U,V)、传感器零点力值($F_{x_0}, F_{y_0}, F_{z_0}$)、工具重心坐标($x,y,z$)及($T_{x_0}, T_{y_0}, T_{z_0}$),共 12 个,采集 $N(N \geq 12)$ 组不同姿态下的传感器数据,代入式(3-73)和式(3-74)可求出 12 个未知参数值。

重力/惯性力的各个未知参数通过改变末端的姿态可辨识得到(即与 4~6 轴有关)。为了达到快速补偿的目的,控制机器人点动采集数据的方式显然是不够理想的,我们期望通过类似动力学参数辨识的方法,即设计激励轨迹的方式快速完成重力与惯性力补偿的参数辨识工作。

首先考虑激励目标。为使得选取的姿态尽可能地代表辨识空间,需要设计一条最优的关节参考轨迹。机器人的姿态变化仅需要 4~6 轴协同运动即可实现,故为激励末端 4~6 轴关节的相关参数,考虑惯性力下的力矩方程(激励方程)如式(3-75)所示:

$$\begin{bmatrix} T_{a_x} \\ T_{a_y} \\ T_{a_z} \end{bmatrix} = \begin{bmatrix} 0 & a_z & -a_y \\ -a_z & 0 & a_x \\ a_y & -a_x & 0 \end{bmatrix} \begin{bmatrix} \dfrac{G}{g}x \\ \dfrac{G}{g}y \\ \dfrac{G}{g}z \end{bmatrix} \tag{3-75}$$

负载的加速度(a_x, a_y, a_z)为负载绕末端坐标系旋转产生的加速度与坐标系本身加速度的矢量和，即

$$\begin{bmatrix} a_x \\ a_y \\ a_z \end{bmatrix} = \begin{bmatrix} x \\ y \\ z \end{bmatrix} \times \boldsymbol{\alpha} + \begin{bmatrix} a_{x0} \\ a_{y0} \\ a_{z0} \end{bmatrix} \tag{3-76}$$

式中，$\boldsymbol{\alpha}$ 为机器人末端坐标系的角加速度，$[a_{x0} \quad a_{y0} \quad a_{z0}]^T$ 为末端坐标系本身的加速度。将上式代入式(3-75)可得式(3-77)：

$$\begin{bmatrix} T_x \\ T_y \\ T_z \end{bmatrix} = \begin{bmatrix} 0 & F_z + \dfrac{G}{g}a_z & -F_y - \dfrac{G}{g}a_y & 1 & 0 & 1 \\ -F_z - \dfrac{G}{g}a_z & 0 & F_x + \dfrac{G}{g}a_x & 0 & 1 & 0 \\ F_y + \dfrac{G}{g}a_y & -F_x - \dfrac{G}{g}a_x & 0 & 0 & 0 & 1 \end{bmatrix} \begin{bmatrix} x \\ y \\ z \\ H_x \\ H_y \\ H_z \end{bmatrix} \tag{3-77}$$

将式(3-76)以矩阵形式表达，得到式(3-78)。

$$\boldsymbol{T}_a = \boldsymbol{a} \cdot \boldsymbol{p} \tag{3-78}$$

在之前的激励考虑中提到过，加速度 $\boldsymbol{a} = f(q_4, q_5, q_6)$ 是关于(q_4, q_5, q_6)的函数，这个函数的设计希望满足使机器人末端尽可能充满整个空间的要求，以实现更好的激励效果。参考动力学参数辨识内容的激励轨迹设计过程，此处引入傅里叶级数表达激励轨迹，各关节的激励轨迹用有限项的傅里叶级数来表示，则机器人第 i 关节的角位移 q_i、角速度 $\dot{q}_i$ 及角加速度 $\ddot{q}_i$ 可表示为式(3-79)。

$$\begin{cases} q_i(t) = \sum_{l=1}^{N} \left[\dfrac{a_{i,l}}{w_f l} \sin(w_f l t) - \dfrac{b_{i,l}}{w_f l} \cos(w_f l t) \right] \\ \dot{q}_i(t) = \sum_{l=1}^{N} [a_{i,l} \cos(w_f l t) + b_{i,l} \sin(w_f l t)] \\ \ddot{q}_i(t) = \sum_{l=1}^{N} w_f l [-a_{i,l} \sin(w_f l t) + b_{i,l} \cos(w_f l t)] \end{cases} \tag{3-79}$$

式中，N 表示正弦和余弦的项数；$w_f = 2\pi f_f$，为基波角频率；$a_{i,l}$ 及 $b_{i,l}$ 为待确定的参数。由于重力补偿仅涉及机械臂末端4～6轴，因此共有 $3 \times 2N$ 个参数待优化。

优化目标：$\min f(\boldsymbol{a})$
约束条件：

(1) 关节限制 $\begin{cases} |q_i(t)| \leqslant \left|\sum_{l=1}^{N} \dfrac{1}{w_f l}\sqrt{a_{i,l}^2+b_{i,l}^2}\right| \leqslant q_{i,\max} \\ |\dot{q}_i(t)| \leqslant \left|\sum_{l=1}^{N} \sqrt{a_{i,l}^2+b_{i,l}^2}\right| \leqslant \dot{q}_{i,\max} \\ |\ddot{q}_i(t)| \leqslant \left|\sum_{l=1}^{N} w_f l\sqrt{a_{i,l}^2+b_{i,l}^2}\right| \leqslant \ddot{q}_{i,\max} \end{cases}$

(2) 启停约束 $\begin{cases} q_i(t_0) = \sum_{l=1}^{N} -\dfrac{b_{i,l}}{w_f l} = 0 \\ \dot{q}_i(t_0) = \sum_{l=1}^{N} a_{i,l} = 0 \\ \ddot{q}_i(t_0) = \sum_{l=1}^{N} w_f l b_{i,l} = 0 \end{cases}$

在实际辨识过程中，辨识取点姿态"不具有代表性"及传感器数据浮动等因素会为 $\boldsymbol{a}$、$\boldsymbol{p}$ 带来扰动，其扰动方程组为

$$\boldsymbol{T}_a + \delta \boldsymbol{T}_a = (\boldsymbol{a} + \delta \boldsymbol{a}) \cdot (\boldsymbol{p} + \delta \boldsymbol{p}) \tag{3-80}$$

希望激励轨迹设计最优，即扰动为辨识带来的相对误差 $\dfrac{\|\delta \boldsymbol{p}\|}{\|\boldsymbol{p}\|}$ 最小，表达为式(3-81)。

$$\dfrac{\|\delta \boldsymbol{p}\|}{\|\boldsymbol{p}\|} \leqslant \dfrac{\|\boldsymbol{a}^-\| \cdot \|\boldsymbol{a}\|}{1-\|\boldsymbol{a}^-\|\|\boldsymbol{a}\|}\left(\dfrac{\|\delta \boldsymbol{T}_a\|}{\|\boldsymbol{T}_a\|} + \dfrac{\|\delta \boldsymbol{a}\|}{\|\boldsymbol{a}\|}\right) \tag{3-81}$$

式中，相对扰动项的值较小，辨识参数矩阵 $\boldsymbol{p}$ 的误差主要由 $\|\boldsymbol{a}^-\|\|\boldsymbol{a}\|$ 引起，于是引入条件数 $\mathrm{Cond}(\boldsymbol{a}) = \|\boldsymbol{a}^-\|\|\boldsymbol{a}\|$，即优化目标函数。参考动力学参数辨识的相关过程，使用软件即可完成对傅里叶参数的优化求解。

综合以上过程，我们采用最小二乘法辨识的方法对包括负载重心坐标 G、基座安装倾角 (U,V)、传感器零点 $(F_{x_0}, F_{y_0}, F_{z_0}, T_{x_0}, T_{y_0}, T_{z_0})$ 及工具重心坐标 (x,y,z) 共 12 个参数进行了辨识计算，从而得到了对应的惯性力补偿与重力补偿的计算公式。机器人在运行过程中对力传感器采集到的六维力数据进行实时补偿，从而屏蔽了负载重力与惯性力带来的力感知干扰。

3.3.2 自适应变导纳控制算法

机器人与外界环境的接触具有单一化的特点时(如接触环境刚度已知，且保持一致)，通过经典的导纳控制调节参数的方式即可获得较为理想的力跟随效果。然而，机器人并不总是在理想条件下工作，在面对刚度可变、环境信息未知的接触式作业时，机器人工程师往

往需要频繁地调整阻抗系数，才能使系统在稳定时跟踪到期望的力。

本小节将提供一种基于自适应变阻抗模型的动态力跟踪策略，使机器人能够更自如地面对环境刚度或环境未知的复杂场景。经典的导纳控制方程可表达为式(3-82)。

$$\boldsymbol{F}_e - \boldsymbol{F}_d = \boldsymbol{M}(\ddot{\boldsymbol{X}}_c - \ddot{\boldsymbol{X}}_r) + \boldsymbol{B}(\dot{\boldsymbol{X}}_c - \dot{\boldsymbol{X}}_r) + \boldsymbol{K}(\boldsymbol{X}_c - \boldsymbol{X}_r) \tag{3-82}$$

式中，$\boldsymbol{F}_e$ 代表外部环境力，$\boldsymbol{F}_d$ 代表期望跟踪力，$\boldsymbol{M}$、$\boldsymbol{B}$ 和 $\boldsymbol{K}$ 分别表示机器人模型的惯性矩阵、阻尼矩阵和刚度矩阵；下标 r 代表精确的参考轨迹，c 代表机器人的实际轨迹。在环境信息未知的情况下很难得到精确的参考轨迹 $\boldsymbol{X}_r$，此时用初始的环境位置 $\boldsymbol{X}_e$ 来代替 $\boldsymbol{X}_r$。

$$\boldsymbol{F}_e - \boldsymbol{F}_d = \boldsymbol{M}(\ddot{\boldsymbol{X}}_c - \ddot{\boldsymbol{X}}_e) + \boldsymbol{B}(\dot{\boldsymbol{X}}_c - \dot{\boldsymbol{X}}_e) + \boldsymbol{K}(\boldsymbol{X}_c - \boldsymbol{X}_e) \tag{3-83}$$

此时，$\boldsymbol{E} = \boldsymbol{X}_c - \boldsymbol{X}_e$。为了方便分析，下面以单方向为例来分析力误差与位置误差的阻抗特性，即

$$\Delta f = f_e - f_d = m\ddot{e} + b\dot{e} + ke \tag{3-84}$$

式中，$e = x_c - x_e$。

当 $f_d = 0$ 时，存在 $\Delta f_{ss} = 0$，此时满足 $x_c = x_e$，即机器人与环境表面刚刚接触，其接触力为 0，对于任意环境刚度均成立。

当 $f_d \neq 0$ 时，$x_c \neq x_e$，此时 $\Delta f_{ss} \neq 0$。为使得系统在稳定时满足 $\Delta f_{ss} = 0$，需要将式(3-84)中的 k 修改为 $k = 0$，得到式(3-85)。

$$\Delta f = f_e - f_d = m\ddot{e} + b\dot{e} \tag{3-85}$$

此时机器人末端受到环境力，将环境刚度表示为 k_e，将机器人受到的环境力大小 $f_e = k_e(x_e - x_c) = -k_e e$ 代入上式，得到式(3-86)。

$$m\ddot{e} + b\dot{e} + k_e e = -f_d \tag{3-86}$$

通过分析可知，即使环境刚度 k_e 未知，选择合适的 m 和 b 可以使式(3-86)成立，因此当 $k = 0$ 时，系统稳定时存在 $\Delta f_{ss} = 0$。

综合以上分析可得出结论：当环境刚度未知或动态变化时，通过设定 $k = 0$ 可使系统在稳定时稳态误差为 0。下面将进一步考虑未知或动态变化的环境位置，此时 x_e 为时变函数，$\dot{x}_e \neq 0$ 且 $\ddot{x}_e \neq 0$。对环境进行预估，假设环境预估值 $\hat{x}_e = x_e - \delta x_e$，则对应的轨迹误差可表示为 $\hat{e} = e + \delta x_e$，代入式(3-85)即可得到包含预估误差的阻抗方程。

$$f_e - f_d = m\ddot{\hat{e}} + b\dot{\hat{e}} = m(\ddot{e} + \delta\ddot{x}_e) + b(\dot{e} + \delta\dot{x}_e) \tag{3-87}$$

式中，f_e、f_d、$\ddot{\hat{e}}$ 和 $\dot{\hat{e}}$ 均为时变函数，力跟踪误差将随时存在。我们希望通过引入参数的方法使得 $\Delta f_{ss} = 0$，即引入自适应阻抗参数来补偿时变的误差。式(3-88)中，可调节的阻抗参数可以是 m 或 b，本小节中选择对阻尼系数 b 进行自适应调节。通过 $\Delta b(t)$ 动态补偿 $m\delta\ddot{x}_e(t) + b\delta\dot{x}_e(t)$ 的结果如式(3-87)所示，其中 $\Delta b(t)$ 可表达为式(3-89)。

$$f_e(t) - f_d(t) = m\ddot{e}(t) + [b + \Delta b(t)]\dot{\hat{e}}(t) \tag{3-88}$$

$$\begin{cases} \Delta b(t) = \dfrac{b}{\dot{e}(t)+\varepsilon}\Phi(t) \\ \Phi(t) = \Phi(t-\lambda) + \sigma\dfrac{f_\mathrm{d}(t-\lambda)-f_\mathrm{e}(t-\lambda)}{b}, \quad \sigma>0 \end{cases} \quad (3\text{-}89)$$

式中，λ 表示采样率，σ 表示更新率。为防止式(3-89)中的分母为 0，调整项 $\varepsilon = 10e-8$。该方法的稳定性证明可参考本书作者的博士论文《多机器人协作焊接中的轨迹规划和位置力协调控制研究》，本书不再赘述。

3.4 满足机器人柔顺控制要求的轨迹规划算法设计

本章前三个小节中，系统地介绍了机器人的三种力控算法，以及算法实现所必需的理论与算法。在导纳控制的算法控制下，机器人具备应用于移动接触式作业场景中的力控特性。但是，在面对不规则表面或曲线/曲面形状无法预先确定的作业表面时，机器人需要满足接触式作业的具体要求而设定合适的参考轨迹。传统的机器人系统只具备直线插补和圆弧插补功能，无法满足复杂曲线/曲面的拟合要求；频繁的启停过程可能为机器人带来冲击，使其振动，导致机器人无法实现理想的作业效果。

接下来将聚焦柔顺控制的要求，尝试寻找一条满足要求的参考轨迹。这样的轨迹通常应该同时满足作业要求（如作业关键点、作业速度）及机器人柔顺控制要求，能够做到控制机器人在工作过程中保持平稳、柔顺，力控效果精准、有效。本节的内容融合了作者在实际工程中对参考曲线的经验与认知，具体且严谨的内容推导可以进一步参考译著《非均匀有理 B 样条》（第 2 版）等文献。

3.4.1 非均匀有理 B 样条曲线及其在柔顺控制中的应用

在相关数学理论还未提出时，为满足工程中生成自然曲线的要求，工程师常常采用一种简单的方法：如图 3-10 所示，将金属重物放置在控制点上，然后用弱刚性金属片绕过这些控制点并从中穿出，使其自然弯曲，得到光滑变化的曲线，称之为样条曲线。

图 3-10 样条曲线的由来

为了在数学上精确地表示该自由曲线，法国的贝塞尔（Bezier）于 1962 年提出了基于参数多项式的贝塞尔曲线。贝塞尔希望在控制点的作用下，进一步借助单一的参数变量描述整条曲线。有一种简单的思路，采用加法的方式将所有控制点进行连接，用式(3-90)表示。

$$C(u) = \sum_{i=0}^{n} B_{i,n}(u) \boldsymbol{P}_i, \quad 0 \leqslant u \leqslant 1 \tag{3-90}$$

$$B_{i,n}(u) = \frac{n!}{i!(n-i)!} u^i (1-u)^{n-i} \tag{3-91}$$

式中,$\boldsymbol{P}_i$ 为样条曲线中第 i 个控制点的坐标,n 为贝塞尔曲线的次数;$B_{i,n}(u) \geqslant 0$ 表示样条曲线的基函数为 n 次 Bernstein 多项式,其计算可参考二项式定理的推导过程。贝塞尔曲线如图 3-11 所示,显然,基函数的值越大,样条曲线上的点受对应控制点的控制效果越强。

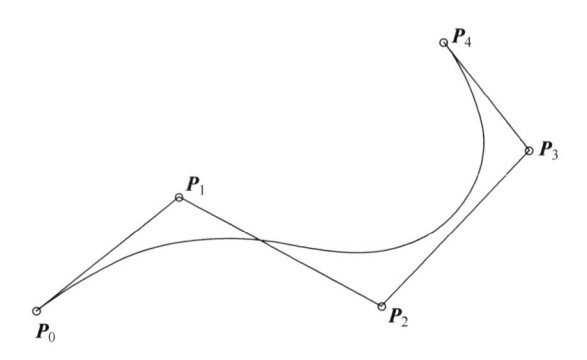

图 3-11 贝塞尔曲线示意图

虽然贝塞尔曲线的形状看起来已经可以满足工程师对一条光滑自然曲线的最初构想,但在实际应用中仍然存在一些缺陷。分析式(3-90)可知,在拟合长度足够长、曲率变化更多的曲线中,贝塞尔曲线需要不断地调整控制点的位置。此外,随着 i 的数值不断增大,每增加一个新的控制点,整条贝塞尔曲线的形状都会为之改变,从而破坏前 i 个控制点控制的曲线形状,这对实际的曲线拟合任务而言是相当不友好的。

为了克服贝塞尔曲线的缺点,舍恩伯格、德布尔、考克斯、戈登与里森费尔德等提出了 B 样条曲线。在实践中,为了进一步满足直线、二次曲线以及自由曲线统一表达的要求,非均匀有理 B 样条(non-uniform rational B-spline,NURBS)被提出,在为解析型与自由型曲线曲面的精确表达提供了统一的数学公式的同时,为操作控制顶点与权因子提供了充分的灵活性。到目前为止,市面上的大多数机器人尚不存在支持 NURBS 曲线插补的直接算法,我们在贝塞尔曲线的基础上继续深入,通过递推方法给出 NURBS 曲线的拟合与离散过程。对于 NURBS 曲线的数学思想,读者可以参考开花(blossoming)定义。

一条 k 次 NURBS 曲线的表达式可以表示为式(3-92)。

$$\boldsymbol{p}(u) = \frac{\sum_{i=0}^{n} \omega_i \boldsymbol{d}_i N_{i,k}(u)}{\sum_{i=0}^{n} \omega_i N_{i,k}(u)} \tag{3-92}$$

式中,ω_i 表示控制因子,其与控制顶点 $\boldsymbol{d}_i = (x_i, y_i, z_i)^T$ 一一对应;$N_{i,k}(u)$ 则为 B 样条

的 k 次规范基函数，其由德布尔-考克斯递推公式定义为式(3-93)。

$$\begin{cases} N_{i,0}(u) = \begin{cases} 1, & \text{若 } u_i \leqslant u \leqslant u_{i+1} \\ 0, & \text{其他} \end{cases} \\ N_{i,k}(u) = \dfrac{u - u_i}{u_{i+k} - u_i} N_{i,k-1}(u) + \dfrac{u_{i+k+1} - u}{u_{i+k+1} - u_{i+1}} N_{i+1,k-1}(u) \\ \text{定义：} \dfrac{0}{0} = 0 \end{cases} \quad (3\text{-}93)$$

若将其表达为四维的齐次形式，记控制顶点 $\boldsymbol{D}_i = (\omega_i x_i, \omega_i y_i, \omega_i z_i, \omega_i)^{\mathrm{T}}$，可以用矩阵形式表示为式(3-94)：

$$\boldsymbol{p}(u) = \sum_{i=0}^{n} \boldsymbol{D}_i N_{i,k}(u) \quad (3\text{-}94)$$

当机器人通过示教方式得到若干型值点(示教点)后，一条经过这些型值点的 NURBS 曲线将以如下步骤进行求解：

(1) 输入型值点、控制因子及曲线切矢；
(2) 根据输入的型值点求解节点矢量；
(3) 节点矢量规范化；
(4) 根据节点矢量、曲线切矢和控制因子反求控制顶点；
(5) 将求得的控制顶点和节点矢量代入求得曲线上点的四维数据信息；
(6) 将求得的四维数据信息在 $\omega=1$ 超平面上进行中心投影，即可得到 3 位数据信息。

其中，步骤(4)和步骤(5)的具体求解方式仍需要进一步讨论并给出求解公式。为满足机器人的实际运动要求，三次 NURBS 曲线具有 C^2 连续(即速度与加速度连续)的性质，故本书中选用三次 NURBS 曲线来规划机械臂末端在任务空间的位置曲线。

设三次 NURBS 曲线 $\boldsymbol{p}(u)$ 具有控制点 $\boldsymbol{d}_0, \boldsymbol{d}_1, \cdots, \boldsymbol{d}_n$ 与控制因子 $\omega = [\omega_0, \omega_1, \cdots, \omega_n]$，选取具有 4 次重复度的节点矢量 $\boldsymbol{U} = [0, 0, 0, 0, u_4, \cdots, u_{n+1}, 1, 1, 1, 1]$。由于运算过程中包含大量对节点 u 的加减运算，进一步定义算子 ∇，满足：

$$\begin{aligned} &\nabla_i = u_{i+1} - u_i & (i = 0, 1, \cdots, n+4) \\ &\nabla_i^2 = \nabla_i + \nabla_{i+1} = u_{i+2} - u_i & (i = 0, 1, \cdots, n+3) \\ &\nabla_i^k = \nabla_i + \nabla_{i+1} + \cdots + \nabla_{i+k-1} = u_{i+k} - u_i \\ &\nabla_0 = 0 \end{aligned} \quad (3\text{-}95)$$

考虑到式(3-96)的有理形式中包含的分母，我们希望对参数的表达形式做一些变化，引入局部参数 t：

$$t = \frac{u - u_{i+3}}{u_{i+4} - u_{i+3}} = \frac{u - u_{i+3}}{\nabla_{i+3}} \quad (3\text{-}96)$$

由于篇幅限制，此处省略了反解的具体推导过程，直接给出推导得到的三次 NURBS 曲线矩阵表达式(3-97)。

$$C_i(t) = \frac{\boldsymbol{T}_3 \boldsymbol{M}_i \boldsymbol{H}_i}{\boldsymbol{T}_3 \boldsymbol{M}_i \boldsymbol{W}_i} \tag{3-97}$$

式中,

$$\boldsymbol{T}_3 = (1 \quad t \quad t^2 \quad t^3) \tag{3-98}$$

$$\boldsymbol{M}_i = \begin{bmatrix} m_{11} & m_{12} & m_{13} & m_{14} \\ m_{21} & m_{22} & m_{23} & m_{24} \\ m_{31} & m_{32} & m_{33} & m_{34} \\ m_{41} & m_{42} & m_{43} & m_{44} \end{bmatrix}$$

$$= \begin{bmatrix} \dfrac{(\nabla_{i+3})^2}{\nabla_{i+2}^2 \nabla_{i+1}^3} & (1 - m_{11} - m_{13}) & \dfrac{(\nabla_{i+2})^2}{\nabla_{i+2}^2 \nabla_{i+2}^3} & 0 \\ -3m_{11} & (3m_{11} - m_{23}) & \dfrac{3\nabla_{i+3}\nabla_{i+2}}{\nabla_{i+2}^2 \nabla_{i+1}^3} & 0 \\ 3m_{11} & -(3m_{11} + m_{33}) & \dfrac{3\nabla_{i+3}^2}{\nabla_{i+2}^2 \nabla_{i+2}^3} & 0 \\ m_{11} & (m_{11} - m_{43} - m_{44}) & -\left(\dfrac{1}{3}m_{33} + m_{44} + \dfrac{(\nabla_{i+3})^2}{\nabla_{i+3}^2 \nabla_{i+2}^3}\right) & \dfrac{(\nabla_{i+3})^2}{\nabla_{i+3}^2 \nabla_{i+3}^3} \end{bmatrix}$$

$$\tag{3-99}$$

$$\boldsymbol{H}_i = (w_i \boldsymbol{d}_i, w_{i+1} \boldsymbol{d}_{i+1}, w_{i+3} \boldsymbol{d}_{i+3})^{\mathrm{T}} \tag{3-100}$$

$$\boldsymbol{W}_i = (w_i, w_{i+1}, w_{i+3})^{\mathrm{T}} \tag{3-101}$$

在上面的公式中,节点参数 u 及控制点参数 d 仍需要进一步计算。下面将介绍节点矢量的具体求解方法。

为了使一条三次 NURBS 曲线通过一组型值点 $\boldsymbol{P}_i(i=0,1,\cdots,n)$,反算过程一般让曲线的首末控制点分别与首末型值点一致。因此,型值点 $\boldsymbol{P}_i(i=0,1,\cdots,n)$ 将依次与三次 NURBS 曲线定义域内的节点一一对应。该三次 NURBS 插值曲线将由 $n+3$ 个控制顶点 $\boldsymbol{d}_i=(i=0,1,\cdots,n+2)$ 定义,相应的节点矢量为 $\boldsymbol{U}=[u_0,u_1,\cdots,u_{n+6}]$。为确定与型值点 $\boldsymbol{P}_i(i=0,1,\cdots,n)$ 相应的节点矢量参数,需要对其进行参数化处理。对节点参数化的方法有均匀参数化法(等距参数化法)、累计弦长参数化法、向心参数化法(平方根)和福利参数化法(修正弦长参数化法)。

均匀参数化法适合数据多边形各边近似相等的情况;累计弦长参数化法反映了数据点按弦长分布的情况,克服了均匀参数化在数据多边形各边不相等时出现的问题;向心参数化法在数据点有急剧拐弯时效果很好;福利参数化法对实际弦长偏短的情况起到了修正作用,但是会使"切向速度"减缓。本书中采用累计弦长参数化法,计算公式如下:

$$\begin{cases} u_0 = 0 \\ u_i = u_{i-1} + |\Delta \boldsymbol{P}_{i-1}| & i = 1, 2, \cdots, n \end{cases} \tag{3-102}$$

式中，$\Delta \boldsymbol{P}_{i-1} = \boldsymbol{P}_i - \boldsymbol{P}_{i-1}$，即为型值点矢量。

节点矢量在此计算过程中可能出现 $u > 1$ 的情况，需要将计算的结果进行规范化。规范化公式可以表达为式(3-103)。

$$\begin{cases} u_0 = u_1 = u_2 = u_3 = 0 \\ u_{i+3} = u_{i+2} + |\boldsymbol{P}_i - \boldsymbol{P}_{i-1}| / \sum_{i=1}^{n} |\boldsymbol{P}_i - \boldsymbol{P}_{i-1}| \quad i = 1, 2, \cdots, n-1 \\ u_{n+3} = u_{n+4} = u_{n+5} = u_{n+6} = 1 \end{cases} \quad (3\text{-}103)$$

对于控制点参数 $\boldsymbol{d}$ 的求解，我们继续审视已知与目标条件。已知 $n+1$ 个型值点 $\boldsymbol{P}_i (i = 0,1,\cdots,n)$ 与之对应的 $n+3$ 个控制因子 $\omega = [\omega_0, \omega_1, \cdots, \omega_{n+2}]$，需要求 $n+3$ 个控制顶点 $\boldsymbol{d}_i = (i = 0, 1, \cdots, n+2)$。根据首末端点 NURBS 几何特征要求：

$$\begin{cases} C_0(0) = \boldsymbol{P}_0 \\ C_i(1) = C_{i+1}(0) = \boldsymbol{P}_{i+1} \quad i = 0, 1, \cdots, n-2 \\ C_{n-1}(1) = C_n(0) = \boldsymbol{P}_n \end{cases} \quad (3\text{-}104)$$

根据三次 NURBS 曲线的矩阵表达式，可得式(3-105)。

$$\boldsymbol{P}_i = C_i(0) = \frac{(1,0,0,0)\boldsymbol{M}_i(w_i \boldsymbol{d}_i, w_{i+1} \boldsymbol{d}_{i+1}, w_{i+2} \boldsymbol{d}_{i+2}, w_{i+3} \boldsymbol{d}_{i+3})^{\mathrm{T}}}{(1,0,0,0)\boldsymbol{M}_i(w_i, w_{i+1}, w_{i+2}, w_{i+3})^{\mathrm{T}}} \quad (3\text{-}105)$$

我们希望构建直观的控制点 $\boldsymbol{d}$ 到型值点 $\boldsymbol{P}$ 的关系。为便于表达，引入参数 a_i、b_i、c_i，其表达式分别为

$$\begin{cases} a_i = \dfrac{(\nabla_{i+3})^2}{\nabla_{i+2}^2 \nabla_{i+1}^3} \omega_i \\ b_i = \left(1 - \dfrac{(\nabla_{i+3})^2}{\nabla_{i+2}^2 \nabla_{i+1}^3} - \dfrac{(\nabla_{i+2})^2}{\nabla_{i+2}^3 \nabla_{i+2}^2}\right) \omega_{i+1} \\ c_i = \dfrac{(\nabla_{i+2})^2}{\nabla_{i+2}^3 \nabla_{i+2}^2} \omega_{i+2} \end{cases} \quad (3\text{-}106)$$

控制点 $\boldsymbol{d}$ 到型值点 $\boldsymbol{P}$ 的关系为

$$a_i \boldsymbol{d}_i + b_i \boldsymbol{d}_{i+1} + c_i \boldsymbol{d}_{i+2} = (a_i + b_i + c_i) \boldsymbol{P}_i \quad (i = 0, 1, \cdots, n) \quad (3\text{-}107)$$

式(3-107)包含 $n+1$ 个方程，为求解 $n+3$ 个控制点，再补上两个首末切矢的条件。对 NURBS 曲线进行求导，结果如式(3-108)：

$$\begin{cases} C_0'(0) = \dfrac{3\omega_1}{\omega_0}(\boldsymbol{d}_1 - \boldsymbol{d}_0) \\ C_{n-1}'(1) = \dfrac{3\omega_{n+1}}{\omega_{n+2}}(\boldsymbol{d}_{n+2} - \boldsymbol{d}_{n+1}) \end{cases} \quad (3\text{-}108)$$

结合式(3-106)，通过观察可以构建式(3-109)。

$$a_0 = -\frac{3\omega_1}{\omega_0}, \quad b_0 = \frac{3\omega_1}{\omega_0}, \quad e_0 = C_0'(0)$$

$$e_i = (a_{i-1} + b_{i-1} + c_{i-1})P_{i-1} \quad (i=1,2,\cdots,n+1)$$

$$b_{n+2} = -\frac{3\omega_{n+1}}{\omega_{n+2}}, \quad c_{n+2} = \frac{3\omega_{n+1}}{\omega_{n+2}}, \quad e_{n+2} = C'_{n-1}(1) \tag{3-109}$$

进而得到了完整的线性方程组(3-110)。

$$\begin{bmatrix} a_0 & b_0 & & & & \\ a_1 & b_1 & c_1 & & & \\ & a_2 & b_2 & c_2 & & \\ & & \ddots & \ddots & \ddots & \\ & & & a_{n+1} & b_{n+1} & c_{n+1} \\ & & & & b_{n+2} & c_{n+2} \end{bmatrix} \begin{bmatrix} d_0 \\ d_1 \\ d_2 \\ \vdots \\ d_{n+1} \\ d_{n+2} \end{bmatrix} = \begin{bmatrix} e_0 \\ e_1 \\ e_2 \\ \vdots \\ e_{n+1} \\ e_{n+2} \end{bmatrix} \tag{3-110}$$

求解以上线性方程组,即可得到所有的控制点 $d_i(i=0,1,\cdots,n+2)$,进一步控制点补充控制因子,即可得到齐次带权控制点 $D_i = (\omega_i x_i, \omega_i y_i, \omega_i z_i, \omega_i)^T, i=0,1,\cdots,n+2$。解出节点矢量与控制顶点后,根据 NURBS 的正算公式(3-97)进行离散,一条标注型值点与控制点的 NURBS 曲线如图 3-12 所示。

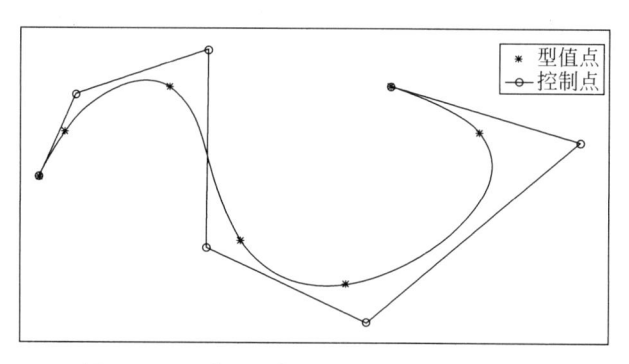

图 3-12 通过型值点求解得到的 NURBS 曲线

3.4.2 融合 T 型＋NURBS 的位置速度规划及 Squad 多姿态插补规划

前文引入了 NURBS 作为机器人轨迹规划算法,在面对位置信息未知的复杂曲面时具有了拟合能力。但是,单纯的 NURBS 是基于节点参数 u 为插补参数的轨迹规划方法,这样的插补参数没有明显的几何意义,弧长的计算也没有解析表达式,简单地等长离散节点 u 的插补方法在机器人的运行过程中可能出现速度忽大忽小的抖动现象。此外,NURBS 的迭代计算要求也使其在具体应用中效率偏低。

为满足机器人柔顺作业的轨迹要求,保证机器人的速度可控,本小节给出一种融合 T 型速度规划与 NURBS 的机器人轨迹规划方法,并采用五次多项式建立 NURBS 节点参数 u 与 NURBS 弧长 S 的映射关系,提高实时插补的计算效率。

对于上述的节点参数 u,首先采集一些样本点。令 $u_{i+1} - u_i = 0.001$ 等间距分割 u,并通过布尔公式拟合$[u_i, u_{i+1}]$,可得式(3-111)。

$$L_i = \int_{x_0}^{x_4} f(x) \mathrm{d}x = \frac{2h}{45}(7f_0 + 32f_1 + 12f_2 + 32f_3 + 7f_4) \tag{3-111}$$

$$L = \sum_{i=1}^{n} L_i \tag{3-112}$$

式中,$x_0 = u_i$, $x_4 = u_{i+1}$, $h = \dfrac{b-a}{4}$, $x_2 = x_1 + h$, $x_3 = x_2 + h$; $f_i = f(x_i)$, $i = 0, 1, \cdots, 4$。

进一步地,可以把弧长参数s_{i+1}与s_i之间的关系表示为式(3-113),总弧长表示为式(3-114):

$$s_{i+1} = s_i + L_i / L \tag{3-113}$$

$$S = \sum_{i=1}^{n} s_i \tag{3-114}$$

于是,采用五次多项式$u = k_0 + k_1 s + k_2 s^2 + k_3 s^3 + k_4 s^4 + k_5 s^5$拟合$s$与$u$之间的函数模型,即可得到图3-13所示的拟合效果。

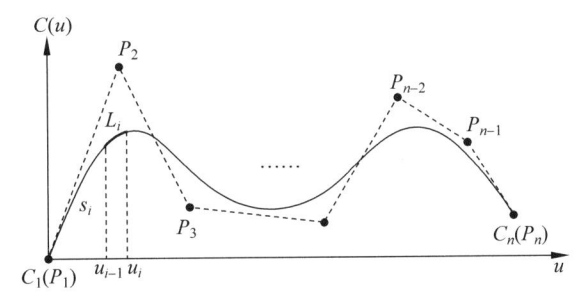

图3-13 NURBS曲线与u-s函数模型示意图

得到弧长S、NURBS参数u、NURBS曲线上的离散点$C(u)$之间的贯通联系后,进一步引入图3-14所示的T型速度规划模型。

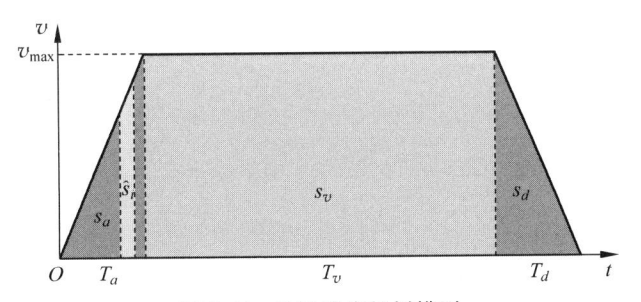

图3-14 T型速度规划模型

其中,匀加速a、匀速v、匀减速段d的路程S、速度v、时间t之间的关系为

$$\begin{cases} S_a = v_0 t + \dfrac{1}{2} a_a t^2, & t \in [0, T_a) \\ S_v = v_{\lim} t, & t \in [T_a, T_a + T_v) \\ S_d = v_{\lim} t - \dfrac{1}{2} a_d t^2, & t \in [T_a + T_v, T_a + T_v + T_d) \end{cases} \tag{3-115}$$

一般地，通过给定路程 S 及速度上限 $v_{\lim}$ 的方式计算出匀加速 a、匀速 v、匀减速段 d 分别花费的时间 T_a、T_v、T_d；经过离散之后，这里的路程 S 将与式（3-114）的弧长相等；T 型速度插补完成后，即可计算得到满足 T 型速度插补要求的 NURBS 曲线上的一系列离散点，从而完成了整个融合过程。

综上而言，本方案将 NURBS 曲线与具有速度规划的 T 型速度插补算法融合起来，也为其他速度规划模型与 NURBS 曲线的融合提供了思路与具体范式。关于机器人的姿态插值算法，读者可以参考四元数球面线性插值算法（SLERP）及单位四元数多姿态插值算法（SQUAD），具体算法较为成熟，在此不再赘述，有兴趣的读者可以考虑如何将 NURBS＋T/S 型速度插补与 SQUAD 进行融合实现，这将具有一定的挑战性。

3.5　机器人柔顺控制算法仿真实验

本章的前三节分别对阻抗控制、混合位置/力控制及导纳控制进行了介绍。在前文的讨论中曾经提到，基于力矩控制的力控方法需要机器人厂商为编程人员开放电流环的接口或在机器人关节处安装力矩传感器，这使得其在应用场景中不如基于位置控制的力控方法广泛、有效。因此，本节主要对导纳控制（又称基于位置的阻抗控制）和模型参考自适应阻抗控制进行仿真实验，测试内容包括定点恒力跟踪、动态轨迹下恒力跟踪和动态轨迹下动态力跟踪。对于仿真实验中出现的不足之处，将进一步通过自适应变阻抗的算法进行对比仿真实验。

本节的实验数据与图片来源于作者的博士论文《多机器人协作焊接中的轨迹规划和位置力协调控制研究》。为了研究柔顺控制中各个阻抗参数对机器人末端力跟踪效果的影响，本节通过软件仿真对不同参数的力跟踪效果进行对比。我们将期望力和环境刚度等参数设为已知量，并采用不同的 M、B、K 值的仿真测试方式对比各个参数对力控制效果的影响。

1. 定点恒力跟踪测试

如图 3-15 所示，在定点恒力跟踪测试实验中，假定环境的刚度为 $k_e=1000\text{N/m}$ 模拟机械臂末端在工具坐标系的 z 轴方向上与环境以恒定跟踪力 $f_d=5\text{N}$ 进行接触。

（1）采用控制变量法，首先设定阻抗参数 $m=1$、$b=20$，进而对比不同的刚度系数对力跟踪性能的影响。刚度系数从大到小分别取 $k=0,20,50,80,100$，其对应的测试结果如图 3-16 所示。

图 3-16 中，导纳控制下的机器人与环境的接触力在前期会经历短暂的震荡期，之后可以保持稳定。当 $k=0$ 时，机器人能够稳定地跟踪到期望的力，但是当 k 取其他值时，均跟踪不到期望的力，在接下来的实验中将保持 $k=0$ 的取值。

下面对比不同的阻尼系数对力跟踪性能的影响，设定阻抗参数 $m=1$、$k=0$，阻尼系数分别取 $b=5,20,40,60,90$，其对应的测试结果如图 3-17 所示。

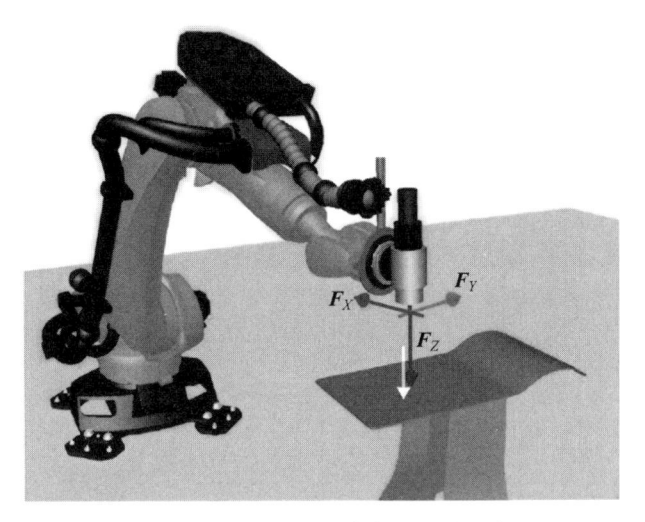

图 3-15　工业机器人定点恒力跟踪示意图

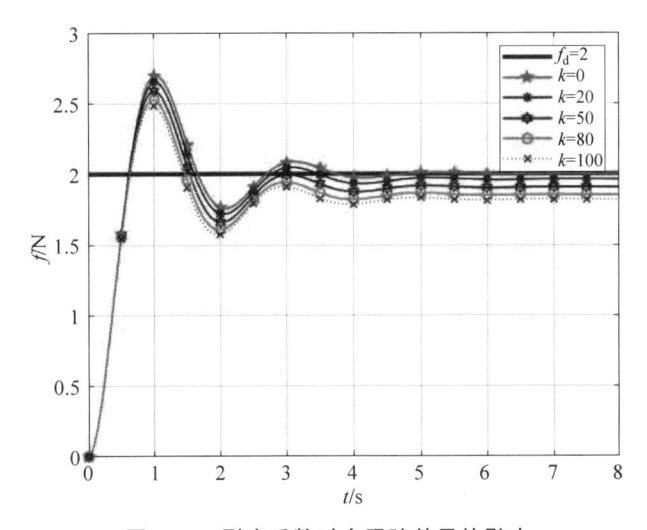

图 3-16　刚度系数对力跟踪效果的影响

由图 3-18 可见,阻尼系数 $b=40$ 时,力跟踪效果最佳;当 $b=20$ 时,在经历较长一段时间的震荡期后可跟踪到期望的力;当 $b=90$ 时,阻抗模型无法控制机器人跟踪期望力。对阻尼系数 b 进行多组数据测试后可知 $b\in[40,80]$ 为宜,过大或过小取值均会影响力跟踪效果。

下面对比不同质量系数对力控效果的影响,设定阻抗参数 $b=40$、$k=0$,质量系数分别取 $m=1,2,5,8,10$,其对应的测试结果如图 3-18 所示。

由图 3-18 可知,当 $m=1$ 时,可以获得最佳的力跟踪效果;而随着 m 的增大,力跟踪达到稳态的振荡时间变长、超调量逐渐变大。

基于导纳控制的定点恒力跟踪,阻抗系数选取如下的值可以取得最佳的力跟踪效果:$m=1,b\in[40,80],k=0$。

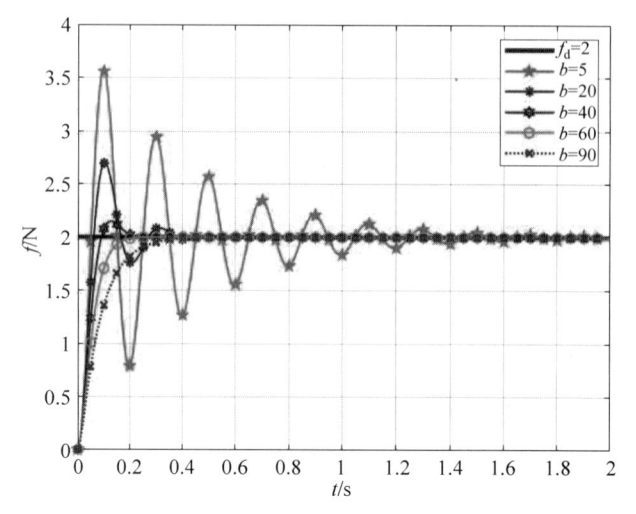

图 3-17 阻尼系数对力跟踪效果的影响

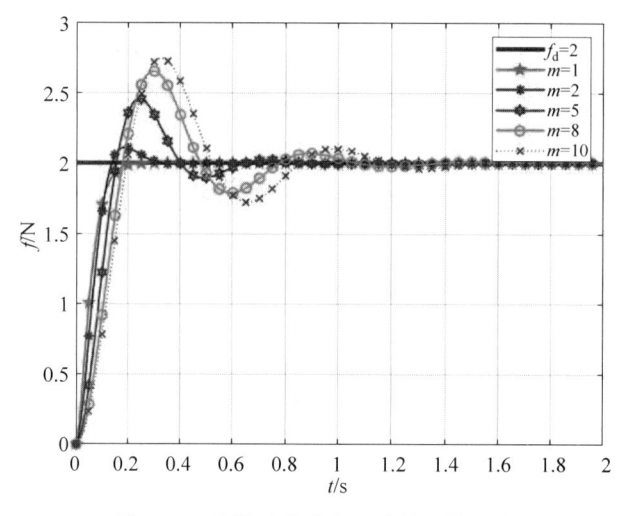

图 3-18 质量系数对力跟踪效果的影响

(2) 对于模型参考自适应阻抗控制具有较多的调节参数,进行多次手动调节后,选择的参数为 $\alpha_1=0.01$、$\alpha_2=3.4$、$\alpha_3=0.01$、$\beta_d=1$、$\beta_p=0.24$,其对应的力跟踪效果如图 3-19 所示。

2. 动态轨迹下恒力跟踪测试

以正弦曲线作为轨迹下模拟动态恒力跟踪的场景,其测试示意如图 3-20 所示。假设期望跟踪的恒力为 $f_d=5\mathrm{N}$,环境的刚度 $k_e=1000\mathrm{N/m}$。

(1) 对于导纳控制而言,根据定点恒力跟踪的结果可知,当在约束空间中进行力跟踪时,设定 $k=0$ 可得到最佳的力跟踪效果。因此,假定质量系数和阻尼系数分别为 $m=1$ 和 $k=0$,阻尼系数分别取 $b=40,50,60,70,80$,其对应的测试结果如图 3-21 所示。

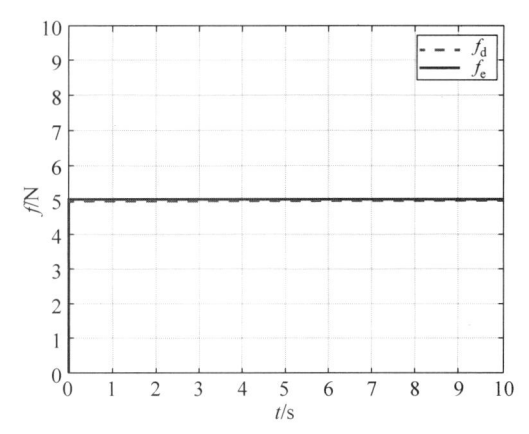

图 3-19 基于模型参考自适应算法的定点恒力跟踪效果图

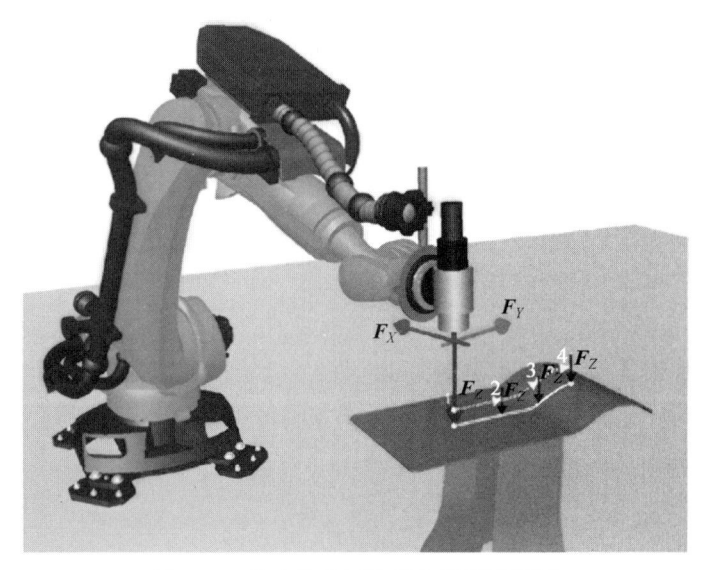

图 3-20 动态轨迹下的恒力测试示意图

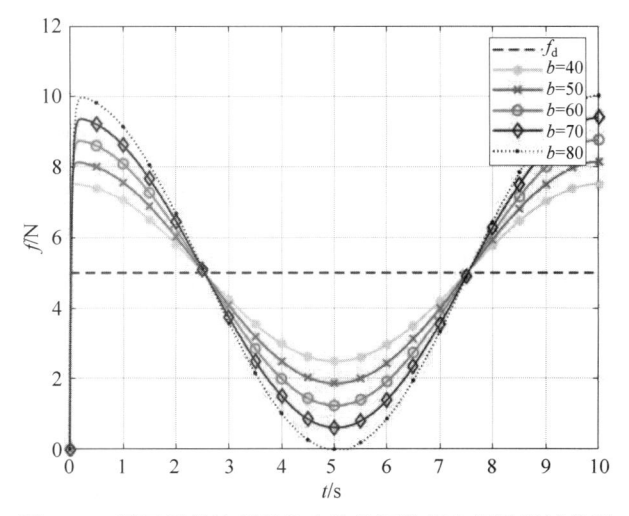

图 3-21 基于导纳控制的动态轨迹下的恒力跟踪测试结果

由图 3-21 可知,无论如何调节阻尼系数 b,机器人在动态轨迹下均跟踪不到期望的力;随着阻尼系数 b 的增大,力误差也随之增大。

(2) 对于模型参考自适应阻抗控制需要调节的系数众多,经过多次手动调节后,模型参考自适应阻抗控制均无法跟踪到期望力,其测试结果如图 3-22 所示。

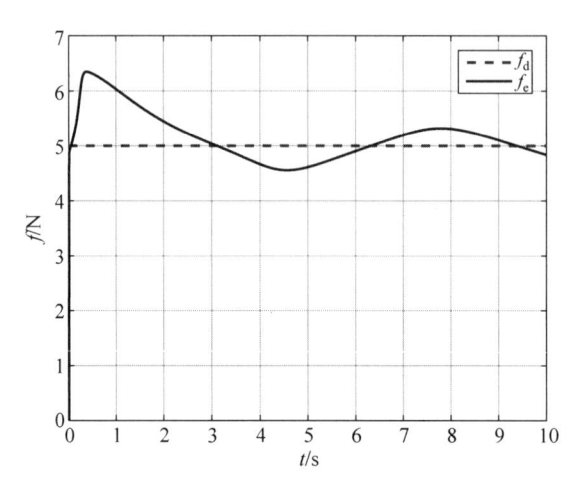

图 3-22 基于模型参考自适应阻抗控制的动态轨迹恒力跟踪测试结果

3. 动态轨迹下动态力跟踪测试

为模拟动态轨迹下动态力跟踪的场景,以正弦曲线作为动态轨迹,假设期望跟踪的动态力为一条正弦曲线,环境的刚度 $k_e=1000\text{N/m}$。

(1) 对于导纳控制而言,设定质量系数和阻尼系数分别为 $m=1$ 和 $k=0$,阻尼系数分别取 $b=40,50,60,70,80$,其对应的测试结果如图 3-23 所示。

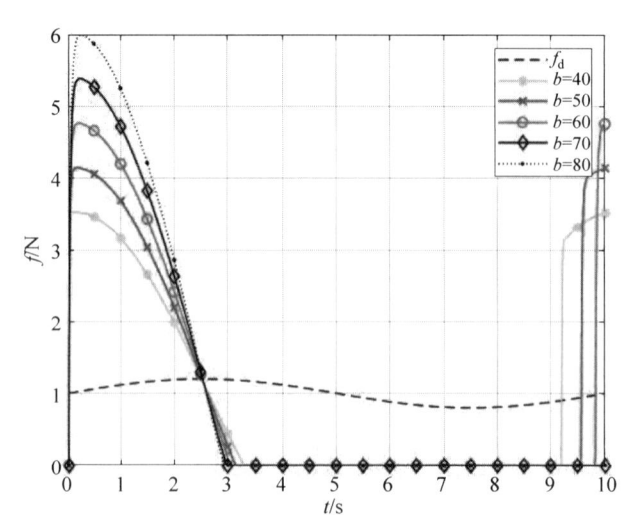

图 3-23 基于导纳控制的动态轨迹下的动态力跟踪测试结果

(2) 对于模型参考自适应阻抗控制而言,由于需要调节的系数众多,多次手动调节后,其测试结果如图 3-24 所示。对于导纳控制和模型参考自适应阻抗控制,这两种控制方法在动态轨迹条件下几乎无法跟踪到期望的动态力,导纳控制在3~9s时甚至发生了机械臂末端与环境脱离的现象。模型参考自适应控制虽能与环境保持接触,但是在跟踪期望动态力的表现上不尽如人意。

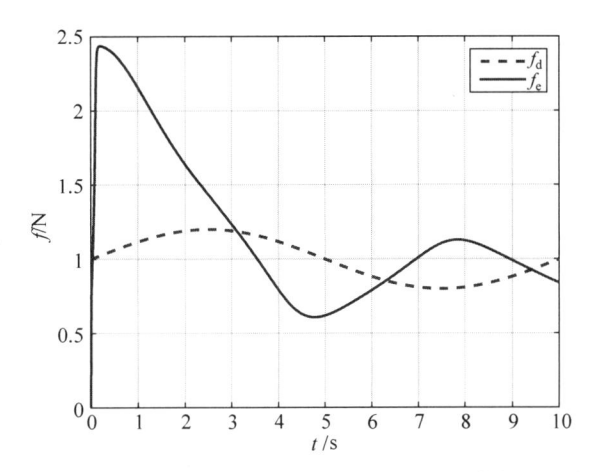

图 3-24　基于模型参考自适应阻抗控制的动态轨迹下动态力跟踪测试结果

可见,对于恒力定点力跟踪而言,导纳控制和模型参考自适应阻抗控制通过调节参数可以跟踪到期望的力,但是对于动态轨迹下的恒力跟踪和动态力跟踪,这两种控制方法的力跟踪效果都不理想,均跟踪不到期望的恒力和动态力。下面进一步进行自适应变阻抗的算法仿真实验。

4. 自适应变阻抗算法的仿真实验

(1) 正弦曲面恒力跟踪。设计一个正弦曲面,测试条件满足 $\dot{x}_e \neq 0, \ddot{x}_e \neq 0$,假定机械臂初始状态时与环境接触,即 $x_c = x_m = 0$,环境刚度为 $k_e = 5000\mathrm{N/m}$,期望跟踪的力 $f_d = 50\mathrm{N}$。设定阻抗系数为 $m=1, k=0$。基于自适应变阻抗模型的正弦曲面恒力跟踪测试结果如图 3-25 所示。

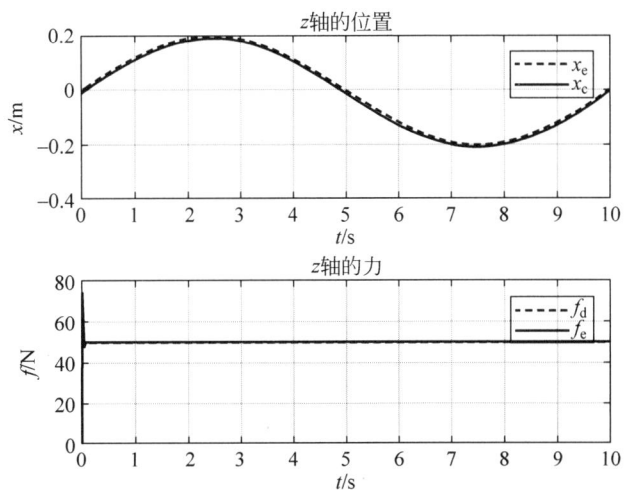

图 3-25　基于自适应变阻抗模型的正弦曲面恒力跟踪测试结果

(2)任意曲面恒力跟踪。为进一步验证所提算法的鲁棒性,设计一个任意的曲面,测试条件满足 $\dot{x}_e \neq 0, \ddot{x}_e \neq 0$,其他设定条件同上,测试结果如图 3-26 所示。

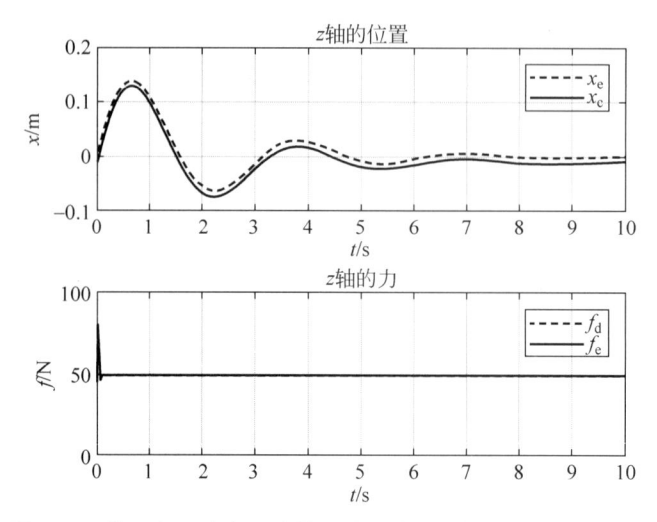

图 3-26 基于自适应变阻抗模型的任意曲面恒力跟踪测试结果

(3)任意曲面动态力跟踪。最后,对自适应变阻抗算法在动态轨迹下的动态力进行测试,假定采用正弦信号来模拟连续动态力,则基于自适应变阻抗模型的任意曲面动态力跟踪测试结果如图 3-27 所示。

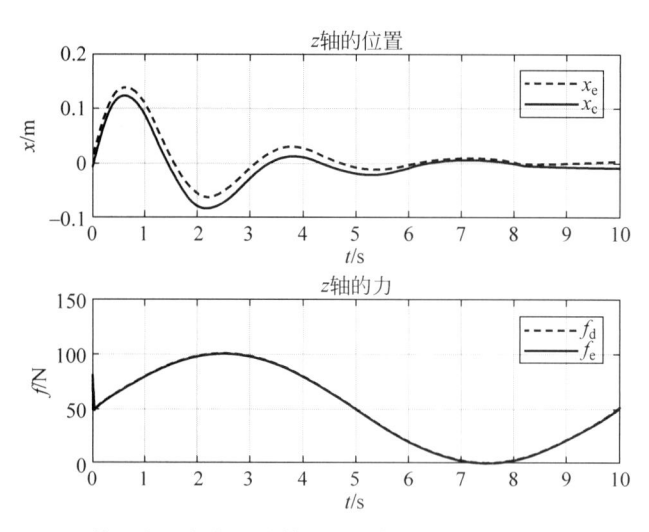

图 3-27 基于自适应变阻抗模型的任意曲面动态力跟踪测试结果

通过上述仿真实验可知,自适应变阻抗模型在动态轨迹下的恒力跟踪和动态力跟踪方面表现出优势,是一种能够应对更复杂接触式作业场景的力控方案。读者可以根据具体的作业要求,选择导纳控制或自适应变阻抗控制方法来完成机器人力控作业。

第4章

机器人柔顺控制系统设计与实现

章节导读

基于第 3 章介绍的柔顺控制算法,本章将进一步探讨机器人柔顺控制系统设计与硬件实现方案,希望能为遇到系统搭建困难的读者提供一种解决思路。4.1 节基于前三章的总结内容,概述了整个机器人柔顺控制系统的平台要求,4.1.1 小节介绍如何在软件上搭建满足实时要求的 RTOS,4.1.2 小节介绍如何在硬件上搭建满足可靠性与实时性要求的平台;4.2 节着重分析机器人力控制器的设计与实现,为读者剖析机器人的底层力控架构;4.3 节介绍力感知传感器工作原理及应用分析;4.4 节则聚焦于机器人柔顺控制系统实现。

4.1 机器人柔顺控制系统平台概述

为了使第 3 章中分析的算法能够部署于实物平台,在实操中搭建机器人柔顺控制系统时需要综合考虑算法环境与实物装备性能,采取可行的柔顺控制策略。虽然基于机器人动力学的阻抗控制方法与混合位置/力控制方法在理论层面上能使机器人实现良好的柔顺性,但其对实物机器人的精准动力学建模及动力学参数辨识却极具难度,基于机器人动力学的阻抗控制方法往往难以收获精准的力控制效果。因此,本章将面向更易实现的柔顺控制方法——导纳控制,给出相应的控制系统平台的搭建范式。

如前文所述,导纳控制是一种基于位置的阻抗控制方法,具有通过实时获取机器人末端力信息的方式调整机器人位置的要求。此外,针对柔顺控制算法提出的机器人轨迹规划方法的实现还需要结合机器人逆运动学方法得到机器人关节上的位置信息,这意味着机器人柔顺控制系统需要满足力信号获取的实时性、关节位置插补的同步性及位置计算的高效性等要求。

常见的机器人控制系统平台一般由上位机、机器人控制器、机器人机械本体、伺服驱动器和伺服电机组成,如图 4-1 所示。伺服驱动器和伺服电机组成数字伺服轴组作为机器人的执行和驱动机构,主要用于带动机器人本体实现特定运动;机器人控制器是机器人控制系统的核心部分,作为机器人的神经中枢进行信息交互,其中进行机器人运动学和动力学计算并将计算结果下发至电机,此外还提供简单的直线/圆弧运动控制接口及示教功能等;上位机是机器人的远程控制端,操作人员在上位机中对机器人进行离线编程,将前文中所提的进阶的柔顺控制算法与相关轨迹规划算法编程为可执行文件,并进一步与机器人控制器之间进行实时信息的下发与接收。本节将继续对机器人控制系统平台中搭载的实时操作系统与系统涉及的硬件进行逐步解析。

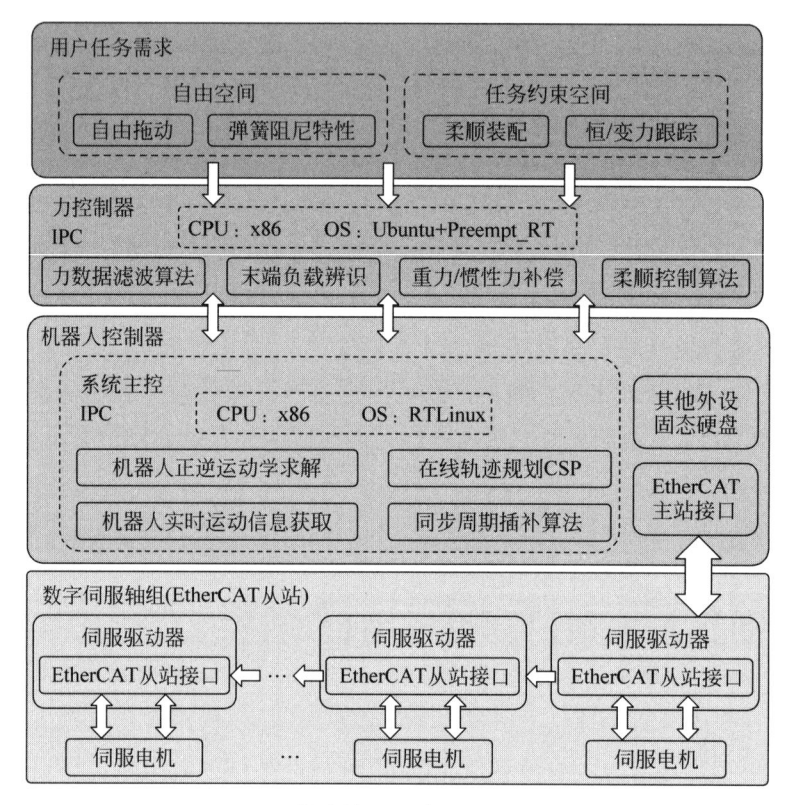

图 4-1 机器人控制系统平台组成示意图

4.1.1 机器人柔顺控制实时操作系统

由于柔顺控制算法需要实时感知机器人末端与外界环境的接触力并依据力信息进行控制量的计算与下发,所搭建系统需要具备良好的实时性与可靠性。实时性指系统进行调度时任务的响应时间,传统的操作系统无法保证任务在规定的时间周期内做出响应,无法应用于对机器人的等时控制场景。为保障上位机与机器人控制器之间的通信实时性,实现对机器人位置量的等时插补效果,上位机必须采用对应的实时操作系统。常见的实时操作系统有 RTLinux、Windows CE、QNX、VxWorks 等。其中,RTLinux 是由新墨西哥理工学院开发的基于标准 Linux 的具有硬实施特性的实时操作系统,在各类电子电信、数控自动化乃至航空航天领域的数据实时采集与交换场景中均有较为成熟的应用。

Ubuntu 是一个应用广泛的 Linux 开源发行版操作系统,其诞生为 Linux 的可视化与可操作性带来了便利。本节介绍一种在上位机的 Ubuntu 系统中安装开源补丁 Preempt_RT 的硬实时方法,将 Ubuntu 的 Linux 内核变成实时系统。Preempt_RT 的好处在于机器人编程人员并不需要深入了解 Preempt_RT 的深层架构,仅需要使用标准 C/C++ 库开发实时应用,使实时应用与 Linux 应用互相兼容。

首先选择与 Ubuntu 的 Linux 内核版本接近的 Linux 版本源码进行下载,并根据下载的 Linux 版本下载 Preempt_RT 补丁,读者可以在清华园镜像站中找到对应资源。需要注意的是,这里下载的 Linux 内核版本号应与 Preempt_RT 版本号保持一致,如图 4-2 所示,本书以 linux-4.4.138 为例进行安装。

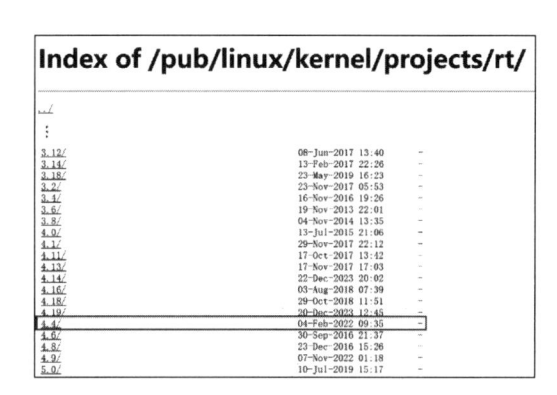

图 4-2 Linux 及 Preempt_RT 版本号选择

接下来,将下载的 Linux 内核进行解压,并将实时核补丁打入 Linux 源码。在终端命令行中运行以下代码完成以上操作:

```
tar xzvf linux-4.4.138.tar.gz
cd linux-4.4.138
patch -p1 < ../patch-4.4.138-rt65.patch
```

下面考虑安装 Linux 内核。首先配置安装内核所需的 libncurses-dev 模块与编译内核所需的 libssl-dev 模块,在终端命令行中运行以下代码完成以上操作:

```
sudo apt-get install libncurses-dev  bison flex bc libelf-dev
sudo apt-get install libssl-dev
```

为了保证更好的兼容性,读者可以将原 Linux 系统中的 .config 文件备份到内核文件夹以获得更好的兼容性,运行以下命令:

```
cp /boot/config-4.15.18 ./
```

其中,config-4.15.18 将由本机的 Linux 版本号决定。完成备份后进行编译配置:

```
make menuconfig
```

此时将进入 Kernel Configuration 进行编译配置。如图 4-3 及图 4-4 所示,找到 Preemption Model(Fully Preemption Kernel(RT))并选择 Fully Preemptible Kernel(RT)选项。

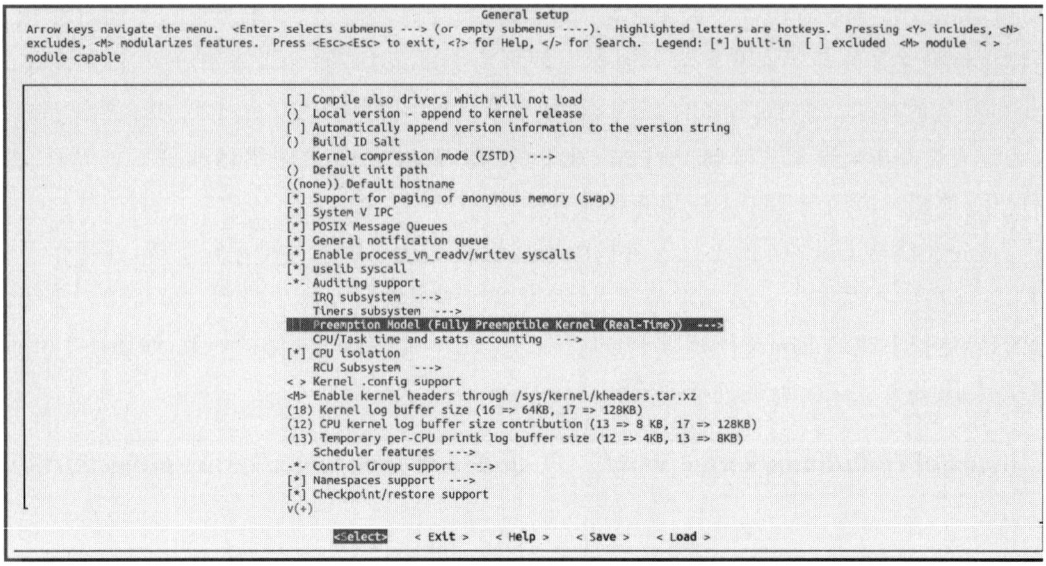

图 4-3　menuconfig 菜单中的 Preemption Model 设置

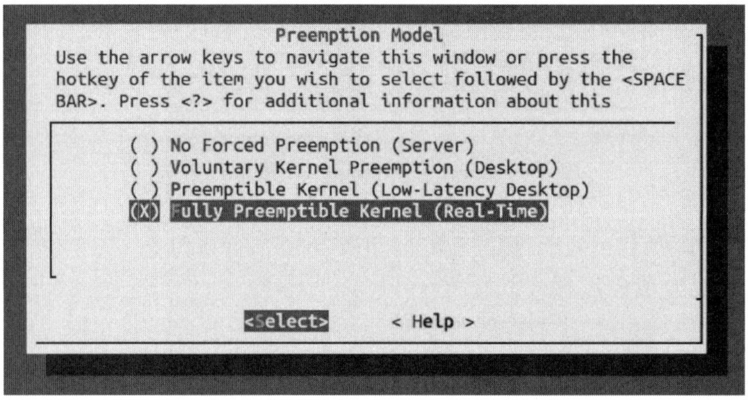

图 4-4　Preemption Model 中的 Fully Preemptible Kernel 选项

接下来运行以下代码开始正式编译安装，j 后的数字可以根据上位机的处理器核心数量进行调整以加快安装进程：

```
make -j2
sudo make install -j
```

执行 sudo make install -j 命令后将自动执行 update-grub2，将带有实时补丁的 Linux 内核信息更新至开机启动项。耐心等待计算机完成编译后重启上位机，在启动选项中选择 linux-4.4.138-rt 即可进入实时操作系统。

至此即完成了基于 Ubuntu+Preempt_RTde RTOS 的安装配置。得益于 Preempt_RT 实时补丁的 Linux 系统与非实时 Linux 系统的良好兼容性，用户在使用 Ubuntu 时仅需要根据应用场景在 grub 界面选择对应的系统，在 Ubuntu 系统中安装的应用程序大多能完全兼容运行。

4.1.2 典型机器人柔顺控制硬件平台

基于前文提出的控制算法与控制方案,本小节对典型机器人柔顺控制平台中所需的各硬件模块部件进行介绍。为满足机器人力控作业要求,硬件平台应主要由机器人本体、上位机及力传感器等硬件构成。随着机器人行业的发展,如今的机器人本体通常已集成了机器人系统主控,为用户提供的各类机器人控制接口便于用户在上位机中进行二次高级编程,降低了机器人的使用与学习成本。

1. 机器人本体

目前市面上已存在较多成熟的商业机器人。丹麦优傲机器人(Universal Robot)公司的 UR 系列协作臂是典型的协作机器人,具有灵活的工作空间、良好的防尘防水能力(IP54),以及在任意方向的正常安装工作能力。以 UR10 协作臂(见图 4-5)为例,具体性能参数如表 4-1 所示。

图 4-5 UR10 协作臂

表 4-1 UR10 协作臂的性能参数

性　　能	参　　数
自由度	6DOF
重复定位精度	±0.1mm
实时通信频率	125Hz
额定末端负载	10kg
工作半径	1300mm
末端最大线速度	1m/s
机器人安装	任意方向
重量	28.9kg

UR 系列协作臂还集成了性能良好的主控,具有底层开放程度高、运动控制稳定、自定义数据流、实时通信等优点。主控通过 UR 机器人的 RTDE(real time data exchange)接口提供了一种标准 TCP/IP 接口与上位机进行数据同步的机制,可供用户在上位机中通过柔顺控制算法实时控制机器人,是理想的柔顺控制主控平台。在此过程中,机器人的详细状态信息数据通过 30004 端口以 125Hz 的频率向外发送。如表 4-2 所示,用户可通过上位机实时获取机器人的关节角度、末端位姿等状态信息。

表 4-2 柔顺控制相关的 UR 机器人实时状态信息读取函数

机器人实时状态信息读取函数	函　数　用　途
getActualQ()	获取机器人当前的关节角度
getActualTCPPose()	获取机器人当前的末端位姿(考虑工具坐标系)

用户进一步在上位机中编程,由柔顺控制算法计算得到相应的笛卡儿空间或关节空间控制量,并将控制量通过 RTDE 通信标准配置好后下发至机器人主控。柔顺控制算法中相关的机器人实时状态信息及控制量发送函数如表 4-3 所示。

表 4-3 柔顺控制相关的 UR 机器人实时状态信息及控制量发送函数

机器人实时状态信息及控制量发送函数	函 数 用 途
setPayload(double mass,const std::vector<double> &cog)	设置机器人末端负载的质量和重心
setTcp(const std::vector<double> &tcp_offset)	设置末端 TCP 偏移量
servoJ(const std::vector<double> &q,double speed,double acceleration,double time,double lookahead_time,double gain)	实时控制机器人在关节空间运动
servoL(const std::vector<double> &pose,double speed,double acceleration,double time,double lookahead_time,double gain);	实时控制机器人在笛卡儿空间运动

对于人机协作、机械臂避障作业及双臂灵巧操作等具有较高灵活性要求、安全性要求及实时性控制要求的应用场景,市面上还存在 SRS(spherical-roll-spherical)构型的冗余协作机械臂。我国珞石机器人(Rokae Robot)公司的 ER 系列协作臂是典型的 SRS 构型机器人,其在重复定位精度、实时通信频率等性能参数上表现优异。以 ER3 pro(见图 4-6)为例,其具体参数如表 4-4 所示。

图 4-6 ER3 pro 协作臂

表 4-4 ER3 pro 协作臂的性能参数

性 能	参 数
自由度	7DOF
重复定位精度	±0.03mm
实时通信频率	1000Hz
额定末端负载	3kg
工作半径	1010mm
末端最大线速度	≤3.0m/s
机器人安装	任意方向
重量	22kg

ER 系列协作臂的主控为用户提供了 RCI 软件包,其中包含一系列运动控制、机器人状态获取等实时底层控制接口,并进一步为有需要的用户开放了关节力矩控制接口。ER 系列协作臂的主控提供了以 UDP 协议与上位机进行数据交互的机制,实现了更高频(1000Hz)的数据交互,便于导纳控制过程中机器人对末端感知力做出更快速的反应。如表 4-5 所示,RobotState 为接收机器人发送给 RCI 的数据结构体,在上位机中通过实时读取变量值获取机器人的关节角度、末端位姿等状态信息。

表 4-5　柔顺控制相关的 ER 机器人实时状态信息读取函数

机器人实时状态信息读取函数	函 数 用 途
RobotState.q()	获取机器人当前的关节角度
RobotState.toolTobase_pos_m()	获取机器人当前的末端位姿（考虑工具坐标系）

用户进一步在上位机中编程，由柔顺控制算法计算得到相应的笛卡儿空间或关节空间控制量，Rokae 提供了机器人的运动指令实时控制接口 MotionCommand 数据结构体及力矩指令控制接口 TorqueCommand 数据结构体。本节涉及的基于导纳控制的柔顺控制算法相关机器人实时状态信息及控制量发送函数如表 4-6 所示。

表 4-6　柔顺控制相关的 ER 机器人实时状态信息及控制量发送函数

机器人实时状态信息及控制量发送函数	函 数 用 途
setLoad(double load_mass, std::array<double,3> load_center, std::array<double,3> load_inertia)	设置机器人末端负载的质量、质心及惯量
setCoor(std::array<double,3> F_T_EE)	设置末端 TCP 偏移量
MotionCommand.std::array<double,7> q_c	实时控制机器人在关节空间运动
MotionCommand.std::array<double,16> toolTobase_pos_c	实时控制机器人在笛卡儿空间运动

2. 六维力传感器

导纳控制算法要求上位机实时获取末端的广义力数据以实现柔顺控制效果，在机器人末端安装六维力传感器是必然选择。20 世纪 90 年代以来，针对机器人产品而研发的小型多维力传感器已逐步成熟，国际上生产成熟力传感器产品的公司有美国的 ATI、丹麦的 OnRobot、加拿大的 Robotiq 等。近年来，随着国内工业装备的升级与迭代，国产机器人力传感器设备也呈现百花齐放的局面，较知名的力传感器供应商有坤维科技、宇立仪器（SRI）、蓝点等。

此处以坤维科技生产的 KWR75 系列六维力传感器为例，该系列六维力传感器是国内内置高精度嵌入式电路传感器的代表。传感器的航空合金材料保证传感器在工作中保持高过载、高刚性及高灵敏度等优点；其 IP64 的防护等级、宽广的工作温度范围及轻质化设计能够确保机器人在复杂工业环境中进行准确的力感知。以 KWR75B 型传感器（见图 4-7）为例，其关键性能参数如表 4-7 所示。

表 4-7　KWR75B 型力传感器的关键性能参数

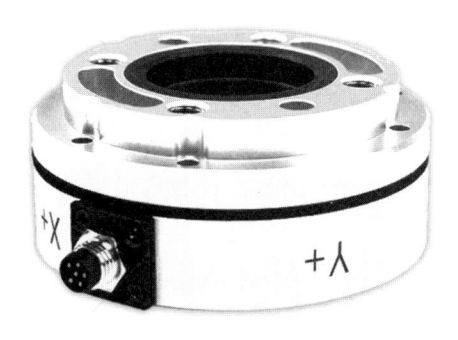

性　　能	参　　数
F_x, F_y, F_z	200N
M_x, M_y, M_z	8N·m
直径	75mm
高度	31.5mm
分辨率	0.03%FS
重复精度	0.1%FS
准度	0.5%FS
工作温度	−10～80℃

图 4-7　KWR75B 型力传感器

3. 工业计算机

为了帮助机器人适应工业场景接触式作业的多尘嘈杂、液体飞溅或干燥静电等复杂工况,保证工作的安全性及力控作业的质量一致性,使机器人能够以稳定的性能完成柔顺控制算法的计算任务,用已搭载机器人柔顺控制算法的上位机需要选择专用工业计算机。

目前,西门子、研华及新汉等工控机产品已经成熟地应用于各类自动化生产应用中。以新汉 Nexcom NISE 3900E 型工控机(见图 4-8)为例,工控机主板支持 Intel® Core™ i7 系列芯片,满足实时计算要求,丰富的 PCIE 可拓展性、千兆网口及 USB 接口为与机器人的数据交互提供了便利。

图 4-8　新汉 Nexcom NISE 3900E 型工控机

4.2　机器人力控制器设计与实现

本节主要介绍在实际上位机中设计并部署力控制器,以在 x86 架构的计算平台上搭载力控制器为例,搭建基于 Ubuntu 开源系统与 Preempt_RT 内核补丁的实时操作系统,依据从力传感器数据读取到力控制量发送的数据处理链条部署相应的软件算法,其设计原理如图 4-9 所示。

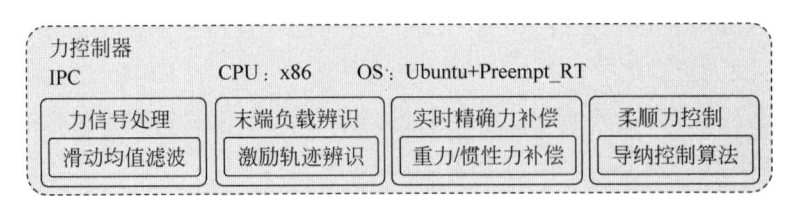

图 4-9　力控制器设计原理

首先,由于环境中存在电源电磁波动、电路耦合噪声等干扰因素,力传感器采集到的力数据需要采用合适的滤波算法进行噪声消除。为使力控制器稳定获取传感器采集到的真实数据,此处推荐读者采用滑动均值滤波算法对力数据进行处理。该算法可合理地设置滑动窗口的大小,能在赋予力数据平滑特性的同时保持数据的实时特性,是一种理想的针对机器人末端力传感器零力工作状态及受力工作状态进行稳定数据采集的数据处理方法。

实现力传感器对数据真值的获取之后,工程人员可参考 3.3.1 节介绍的方法设计优化激励轨迹以对机器人末端的负载参数进行辨识,消除负载对进一步的柔顺控制计算带来的干扰。编写力控制器中用以辨识机器人末端负载的算法时,工程人员需要根据不同的机器人构型、工作空间限制及机器人启停条件等约束综合进行激励轨迹优化设计,采用最小二乘法对激励轨迹数据进行处理以完成末端负载的参数辨识工作。

为实现机器人运行过程中不同位姿下的负载的重力与惯性力屏蔽效果,参考 3.3.1 节介绍的重力分量计算关系及重力/惯性力补偿算法,力控制器需要根据负载参数实时对负载的重力与惯性力进行补偿处理;对于处理后的数据,参考 3.3 节介绍的导纳控制思路,力控制器将力数据和机器人位姿数据转化为实时位移数据,并下发给机器人控制器,利用开放的实时位置控制接口实现机器人的柔顺控制效果。

4.3 力感知传感器工作原理

如前文所述,机器人柔顺控制作业的实现与力感知传感器的工作方式直接相关,本节继续对机器人柔顺控制系统中的六维力传感器与关节力矩传感器进行介绍。一般而言,多维力传感器装载于机械臂末端,用于采集机器人在柔顺作业时与所处环境的接触力的大小和方向。此外,部分多关节机器人的关节内部还集成力矩传感器,对关节力矩的采集将为机器人完成阻抗控制、机器人碰撞检测及柔顺拖动等任务带来便利。力感知传感器是构建感知型机器人实验验证系统的重要组成部分。

4.3.1 六维力传感器

市面上常见的多维力传感器主要分为三维力传感器(采集 F_x、F_y、F_z 等三方向正交力信号)及六维力传感器(采集 F_x、F_y、F_z 等三方向正交力信号以及 M_x、M_y、M_z 等三方向的正交力矩信号)。考虑到柔顺控制系统机器人末端的负载重力/惯性力辨识及柔顺作业中实时重力/惯性力补偿过程对力矩采集的需要,柔顺控制作业机器人大多选择在末端安装六维力传感器。为帮助读者加深对六维力传感器的理解,利用力传感器的数据满足实际工程场景中的接触式作业需求,本小节对经典的力传感器工作原理进行简要分析。

如图 4-10(a)所示,六维力传感器的内部一般采用十字梁结构,在十字梁表面进行有效的电阻应变片组桥与贴片是小型六维力传感器的研制关键。图 4-10(a)中的 24 个应变片分别组成了 6 个全桥电路,对应了六维的力/力矩输出分量,其电路图如图 4-10(b)所示。

当传感器受到外力作用时,应变片贴片处产生的应变使应变片的电阻发生变化:十字梁表面处于被拉伸状态时应变片电阻变大,处于被压缩状态时应变片电阻变小。根据图 4-10 中的贴片结构,设电阻应变片的初始阻值为 R_0,若传感器受到 F_x、F_y、F_z、M_x、M_y、M_z 的分量作用,则应变片电阻值将产生如下变化:

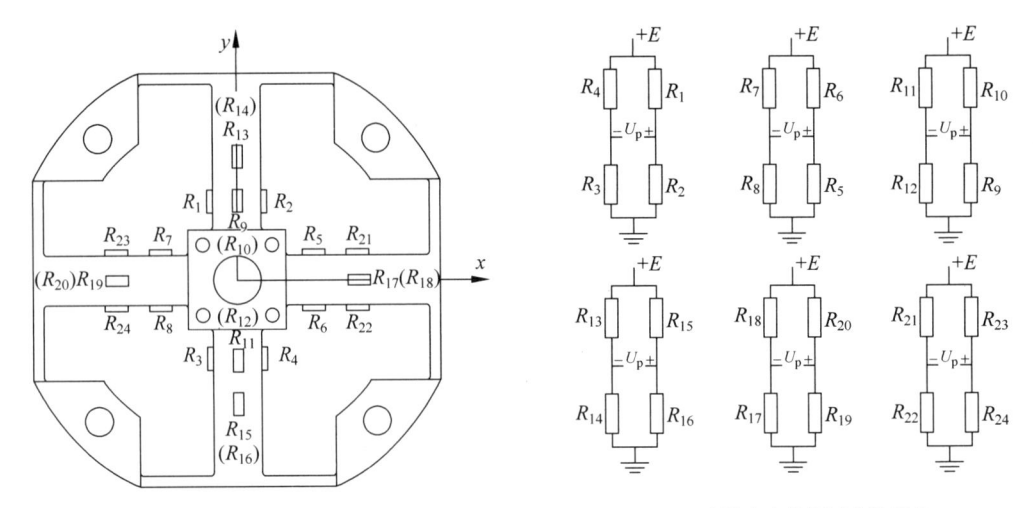

(a) 内部十字梁应变片贴片结构　　　　(b) 电阻应变片组桥电路设计

图 4-10　六维力传感器应变片贴片结构及组桥电路设计示例

$$\begin{cases} R_1 = R_0 - \Delta R_{F_x} + \Delta R_{M_z} \\ R_2 = R_0 + \Delta R_{F_x} - \Delta R_{M_z} \\ R_3 = R_0 - \Delta R_{F_x} - \Delta R_{M_z} \\ R_4 = R_0 + \Delta R_{F_x} + \Delta R_{M_z} \end{cases} \begin{cases} R_5 = R_0 + \Delta R_{F_y} + \Delta R_{M_z} \\ R_6 = R_0 - \Delta R_{F_y} - \Delta R_{M_z} \\ R_7 = R_0 + \Delta R_{F_y} - \Delta R_{M_z} \\ R_8 = R_0 - \Delta R_{F_y} + \Delta R_{M_z} \end{cases} \begin{cases} R_9 = R_0 + \Delta R_{F_z} \\ R_{10} = R_0 - \Delta R_{F_z} \\ R_{11} = R_0 + \Delta R_{F_z} \\ R_{12} = R_0 - \Delta R_{F_z} \end{cases}$$

$$\begin{cases} R_{13} = R_0 + \Delta R_{M_x} \\ R_{14} = R_0 - \Delta R_{M_x} \\ R_{15} = R_0 - \Delta R_{M_x} \\ R_{16} = R_0 + \Delta R_{M_x} \end{cases} \begin{cases} R_{17} = R_0 - \Delta R_{M_y} \\ R_{18} = R_0 + \Delta R_{M_y} \\ R_{19} = R_0 + \Delta R_{M_y} \\ R_{20} = R_0 - \Delta R_{M_y} \end{cases} \begin{cases} R_{21} = R_0 + \Delta R_{M_z} + \Delta R_{F_x} \\ R_{22} = R_0 - \Delta R_{M_z} - \Delta R_{F_x} \\ R_{23} = R_0 - \Delta R_{M_z} + \Delta R_{F_x} \\ R_{24} = R_0 + \Delta R_{M_z} - \Delta R_{F_x} \end{cases}$$

(4-1)

式中，ΔR_{F_x}，ΔR_{F_y}，…，ΔR_{M_z} 分别表示传感器受到 F_x，F_y，…，M_z 载荷作用后应变片阻值变化的绝对值。以 F_x 的载荷引起 U_{F_x} 变化分析为例，如果采用图 4-10(b) 所示的全桥电路组桥方式，其六路力/力矩分量的输出表达式如式 (4-2) 所示：

$$U_{F_x} = \frac{R_2}{R_1 + R_2}E - \frac{R_3}{R_3 + R_4}E = \frac{\Delta R_{F_x}}{R_0}E \tag{4-2}$$

类似地，写出其他方向受力的电压表达式：

$$\begin{cases} U_{F_x} = \dfrac{\Delta R_{F_x}}{R_0}E & U_{M_x} = \dfrac{\Delta R_{M_x}}{R_0}E \\ U_{F_y} = \dfrac{\Delta R_{F_y}}{R_0}E & U_{M_y} = \dfrac{\Delta R_{M_y}}{R_0}E \\ U_{F_z} = \dfrac{\Delta R_{F_z}}{R_0}E & U_{M_z} = \dfrac{\Delta R_{M_z}}{R_0}E \end{cases} \tag{4-3}$$

式中,$\frac{\Delta R}{R_0}$代表该电阻应变片的电阻率,可由式(4-4)进行计算:

$$\frac{\Delta R}{R_0} = K \times \varepsilon \tag{4-4}$$

式中,K为应变片的灵敏系数,通常由电阻应变片的制造厂商进行标定;ε代表传感器在外力作用下的实际应变值。采用图4-10(b)所示的贴片方法后,当负载数值在力传感器的设计量程之内时,贴片处传感器发生的应变ε将与传感器所受外力负载F(或外力矩M)呈现线性关系,进而构建了电桥输出电压与外力负载数值的线性关系,方便了对外力的求解与读取。

完成对六维力传感器本体的基础设计后,需要进一步考虑增强其在工程中的精确感知力效果。例如,由于电阻应变片通常只能带来毫伏级的电压变化,通常需要采用合适的信号放大电路将电压放大以实现对外部负载力的精确感知。考虑到感知到的电压数据需要在力控制器中进行处理,力传感器还需要设计数据采集与通信模块,实现实时数据读取功能。这些模块目前已有成熟的应用案例,本书不再一一赘述。

由六维力传感器本体、信号采集与处理模块构成的系统如图4-11所示,其中六维力传感器系统的输出电压分别与量程内的六维外部载荷呈现线性关系。通过在设计量程内采集多组数据并结合最小二乘法对线性关系进行标定,系统即可在外部载荷作用下利用该线性关系求得并输出精确的受力值。

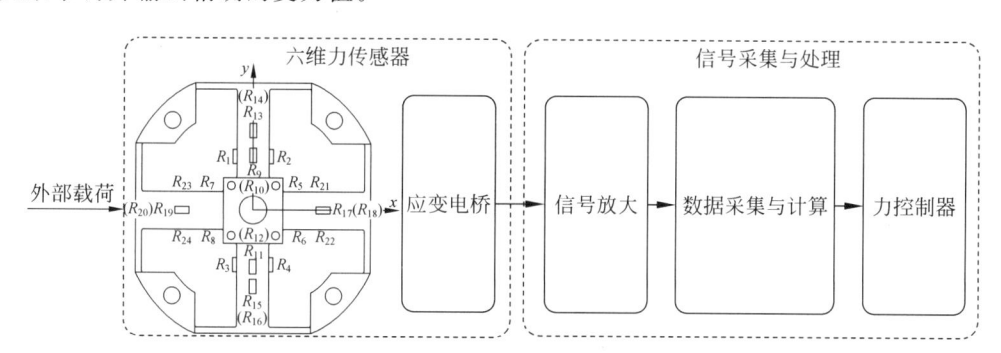

图 4-11 六维力传感器系统框图

4.3.2 关节力矩传感器

为适应人机交互场景,部分协作机器人还将在关节中安装力矩传感器,为有控制需求的用户提供关节力矩控制接口,满足机器人在关节空间的柔顺力控及安全性要求。对于本书中涉及的多体串联型机器人而言,其关节内空间狭小,线路布局复杂;市面上常采取在其内部嵌入结构紧凑的扭矩传感器的方式感知外部力矩。如图4-12所示,坤维KWR85N207型传感器是一类典型的关节扭矩传感器。在机器人作业过程中,关节承受的传递力矩会导致传感器金属发生微小形变,通过在传感器内部粘贴电阻应变片提取金属形变量,进一步建立形变与传递力矩关系的方式可以实现对关节力矩的精准感知。

图 4-12 坤维 KWR85N207 型关节扭矩传感器

常见的扭矩传感器设计方法为在传感器内部粘贴 4 对对称分布的电阻应变片组成的惠斯通全桥电路,并设置每对应变片保持两两垂直关系以补偿传感器由圆形变为椭圆形后的额外形变影响。应变片的粘贴位置及全桥电路设计示例如图 4-13 所示。

(a) 应变片粘贴位置   (b) 全桥电路设计

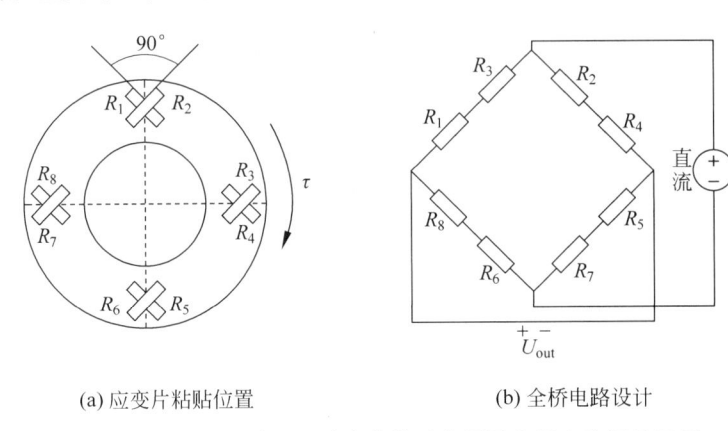

图 4-13 关节力矩传感器应变片粘贴位置及全桥电路设计示例

当对图 4-13(a)中的传感器施加顺时针方向的力矩 τ 时,应变片 R_1、R_3、R_6、R_8 处于拉伸状态,而应变片 R_2、R_4、R_5、R_7 处于压缩状态。根据惠斯通全桥电路性质,4 对应变片构成的惠斯通电桥输出电压 U_{out} 为

$$U_{out} = 2K\varepsilon E \tag{4-5}$$

式中,K 为应变片灵敏度系数,ε 为传感器在外力作用下的实际应变值,E 为电源电压。在机器人关节受到外部力矩载荷时,其内部应变 ε 与外部力矩值 M 之间应符合广义胡克定律所描述的线性关系,关节力矩传感器可利用电阻应变片、电磁编码器等元器件捕获内部微小应变 ε,从而间接实现对外部力矩大小的感知。经由式(4-5)将内部应变 ε 转换为惠斯通电桥输出电压 U_{out},进一步沿袭与 4.3.1 小节类似的思路,采用信号放大电路与全桥电路组成力矩传感器系统,基于最小二乘法完成对外部力矩值 M 与输出电压 U_{out} 之间线性关系的标定,即可对关节中所受力矩进行精确感知。

4.4 机器人柔顺控制系统实现

基于珞石 xMate 机器人的力控系统实现

在 4.1 节柔顺控制系统平台思路的引导下,本书以珞石 xMate 型机器人为例,展示一种成熟的力控系统实现方法。如图 4-14 所示,以珞石 xMate 型机器人、新汉 NISE 3900E 型工控机、坤维 KWR75B 型力传感器等硬件设备为例,完整的力控系统由力控制器、机器人控制器及力传感器等子模块构成。

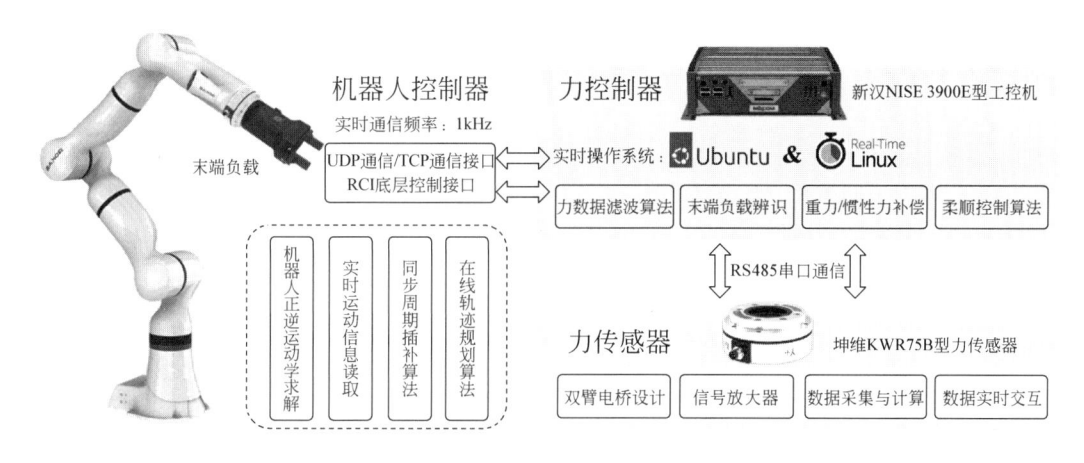

图 4-14 基于珞石 xMate 机器人实现的力控系统

力控制器是机器人柔顺效果实现的核心控制模块。4.1.1 小节介绍了力控制器中搭载的实时操作系统,4.1.2 小节中选取了一类合适的工业计算机作为力控制器的硬件载体。力控制器作为系统的控制中枢,一方面与机器人控制器之间以 UDP 协议或 TCP 协议进行实时通信,读取机器人控制器提供的任务空间实时位置信息;另一方面与力传感器之间进行 RS485 串口通信,读取机器人与外界环境接触获得的实时六维力信息。力控制器中部署的柔顺控制算法对上述采集数据进行计算后将生成实时的位置信息,发送至机器人控制器执行后使机器人在感知外部力后进行运动调整,实现柔顺接触运动效果。

机器人控制器是该力控系统柔顺作业的关键性能模块。4.1.2 小节对珞石 ER3 pro 协作机器人集成的控制接口结合实际力控需求进行了分析,其控制器具备的良好控制实时性、稳定的控制性能及开放的 RCI 底层控制接口使其成为搭建力控系统的理想硬件。在作业任务的运动控制过程中,机器人控制器以 UDP 协议或 TCP 协议与力控制器之间进行 1kHz 的高频通信:一方面将关节位置编码器提供的运动信息正解为任务空间位置信息并进行实时反馈,另一方面读取力控制器发送的实时任务空间信息并进行同步周期插补,最后经由机器人运动学逆解后下发至关节伺服电机,生成实时运动。值得一提的是,本章涉及的柔顺控制基于导纳控制算法实现,并不要求使用机器人的关节力矩控制接口,但其 RCI

控制模块仍保留了关节力矩控制模式,为有相关研发需求的工程人员带来便利。

力传感器是该力控系统执行精准力控任务的直接感知模块。4.3.1 小节对力传感器的工作原理及感知系统进行了介绍。力传感器的选取通常还需要实际考虑机器人的末端尺寸大小及机械构型,坤维 KWR75B 型传感器是一款适配市面上多数协作机器人力感知作业的六维力传感器。传感器通过内部电阻应变片设计的力感知系统可将力信号转换为精准的数字信号,为柔顺控制算法的运行提供了关键参数。此外,其提供的力矩信息为复杂接触环境任务中的位姿调整策略提供了算法设计参数,使机器人应用于复杂曲面跟踪、轴孔装配作业等变姿态要求的工业任务成为可能。

第5章

机器人柔顺控制典型应用工程实践

章节导读

前文已详尽地讲解了机器人柔顺控制涉及的理论分析、算法设计及平台搭建等基础工作,接下来将介绍机器人柔顺控制技术在实际工程中的应用。5.1节展示了柔顺控制在牵引示教与类弹簧行为方面的应用案例,分别在5.1.1小节和5.1.2小节进行了基于导纳控制的UR机器人力控实现和基于阻抗控制的珞石xMate机器人力控实现;5.2节讲解并展示了基于力反馈的动态实时轨迹规划的成果;5.3节将力控技术与轨迹规划算法相结合,讲解了面向复杂曲面的恒力跟踪策略/解析FCPressNURBS指令的应用细节;5.4节更具体化地介绍了柔顺控制在工业装配中的应用成果,具体为机器人精密柔顺装配算法与实现,并通过实验展示了算法的有效性与可行性。

5.1 机器人牵引示教与弹簧特性

机器人的牵引示教功能为机器人使用者提供了一种简洁、高效的示教点采集手段,为人机协作完成复杂任务提供了技术支撑。同时,机器人在牵引示教任务中的表现直接关系柔顺控制效果的优劣,是检验负载补偿算法及导纳控制算法正确性的重要手段。在实现自由空间拖动时,机器人不受笛卡儿空间期望轨迹与外部期望力的限制。此处回顾3.3节中的导纳控制公式并将其表达为式(5-1):

$$\ddot{x}_c = \frac{1}{M}[f_e - f_d - B(\dot{x}_c - \dot{x}_d) - K(x_c - x_d)] + \ddot{x}_d \qquad (5\text{-}1)$$

式中,下标c代表指令值,下标d代表期望值,下标e代表外部环境;M代表质量系数。令期望力f_d、期望位移x_d、期望速度$\dot{x}_d$、期望加速度$\ddot{x}_d$及刚度系数K为零,可得式(5-2):

$$\ddot{x}_c = \frac{1}{M}[f_e - B\dot{x}_c] \qquad (5\text{-}2)$$

对所得笛卡儿空间加速度做两次积分运算，即可得到力控制器在控制周期内向机器人发送的位移指令值。f_e 为机器人感知的示教者拖动力，3.3.1 小节中的负载补偿算法将为拖动力的感知精确性提供保障。当机器人处于静止或匀速拖动状态时，拖动力 f_e 与 $B\dot{x}_c$ 保持相等，从而使机器人在笛卡儿空间的加速度 $\ddot{x}_c=0$；当操作者希望通过改变拖动力大小以实现快速拖动时，f_e 的增大将为机器人带来正向的加速度，即 $\ddot{x}_c>0$；同理，拖动力 f_e 的减小将为机器人带来减速。

在上位机中部署上述控制律并对机器人的位移进行迭代求解，进一步将求得的力控信息由实时控制接口发送至机器人控制器，即可实现力控拖动效果。本节基于 4.4.2 小节的珞石 xMate 机器人的力控系统开展了牵引拖动实验，机器人末端携有三指夹爪负载，实验过程中的阻抗控制参数如式(5-3)所示。

$$\begin{cases} \boldsymbol{M} = \mathrm{diag}\{1,1,1,1,1,1\} \\ \boldsymbol{B} = \mathrm{diag}\{30,30,30,30,30,30\} \\ \boldsymbol{K} = \mathrm{diag}\{30,30,30,30,30,30\} \end{cases} \quad (5\text{-}3)$$

式中，$\boldsymbol{M}$ 代表质量系数矩阵，$\boldsymbol{B}$ 代表阻尼系数矩阵，$\boldsymbol{K}$ 代表刚度系数矩阵。

在实验过程中，操作者牵引机器人末端沿着某一空间矩形运动，如图 5-1(a)所示，牵引运动实际运动轨迹如图 5-1(b)所示。图 5-2 展示了笛卡儿坐标系下机器人牵引过程中的受力情况。由于传感器的末端受力由人手的牵引力与末端负载受力耦合构成，需要采用重力/惯性力补偿算法处理力传感器原始数据曲线；经过处理的力传感器读数可在人手停止牵引时恢复至零位，证明了重力/惯性力补偿算法的有效性。

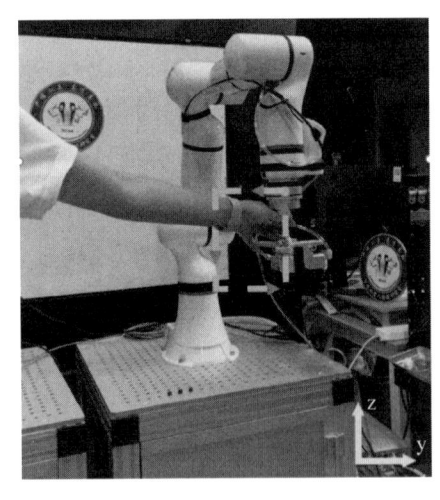

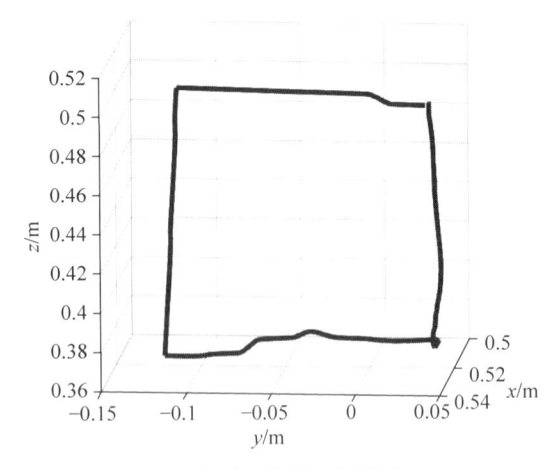

(a) 机器人牵引拖动实现　　　　　　(b) 牵引运动实际运动轨迹

图 5-1　机器人牵引拖动实现及实际运动轨迹

实现机器人的弹簧特性是柔顺控制技术应用于机器人接触场景的必要测试步骤。同样地，参考 3.3 节的式(3-56)，实现机器人在自由空间中的弹簧特性需要为机器人增添笛卡

(a) y 轴方向机器人受力曲线

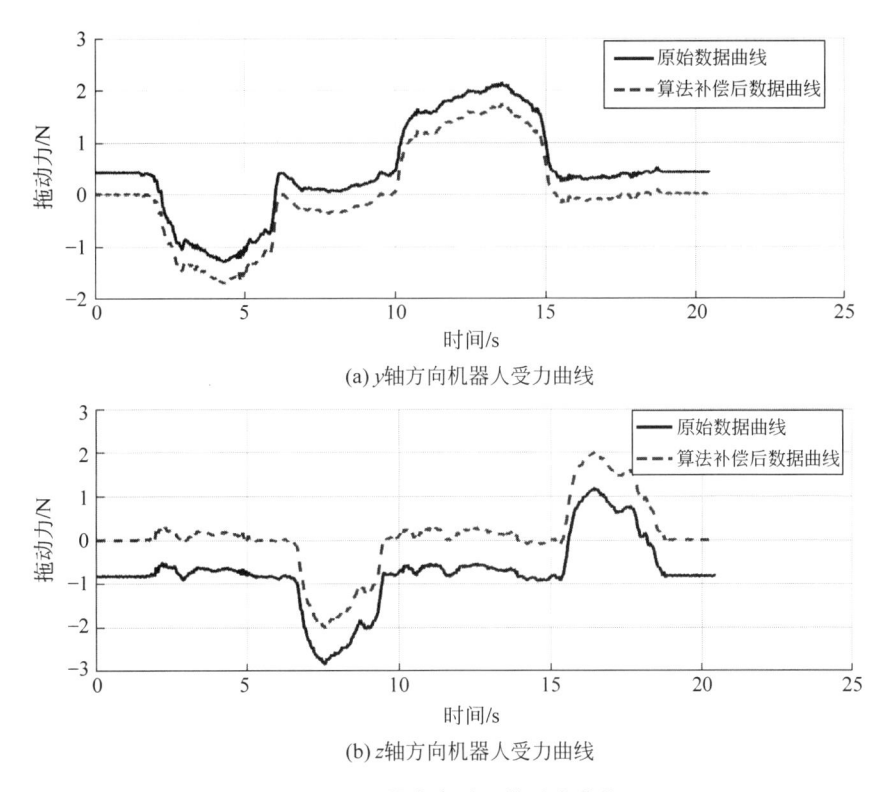

(b) z 轴方向机器人受力曲线

图 5-2 机器人牵引示教受力曲线

儿空间中的固定参考位姿,如式(5-4)所示:

$$\ddot{x}_c = \frac{1}{M}[f_e - B\dot{x}_c - K(x_c - x_d)] \tag{5-4}$$

添加参考位移作为约束之后,机器人被拖动后将体现出弹簧特性。直观而言,操作者拖动机器人产生的位移越远,所需的拖动力越大,其回弹速度也将越快;调整质量系数矩阵 $\boldsymbol{M}$、阻尼系数矩阵 $\boldsymbol{B}$ 及刚度系数矩阵 $\boldsymbol{K}$ 至合适范围,则机器人在回弹后出现的震荡较小,从而获得较优的柔顺控制效果。

$$\begin{cases} \boldsymbol{M} = \mathrm{diag}\{1,1,1,1,1,1\} \\ \boldsymbol{B} = \mathrm{diag}\{30,30,30,30,30,30\} \\ \boldsymbol{K} = \mathrm{diag}\{30,30,30,30,30,30\} \end{cases} \tag{5-5}$$

在上位机部署柔顺控制器并根据式(5-5)设置对应的系数后,本书对机器人在水平方向及竖直方向的弹簧特性进行了测试,图 5-3~图 5-8 分别展示了机器人弹簧特性的实现效果及受力轨迹分析。在补偿算法的加持下,机器人在竖直及水平方向上均可感受到精准的外部力并做出实时响应,运动的轨迹平滑连续,实现了外部力干扰作用下的弹簧特性效果。

(a) (b) (c)

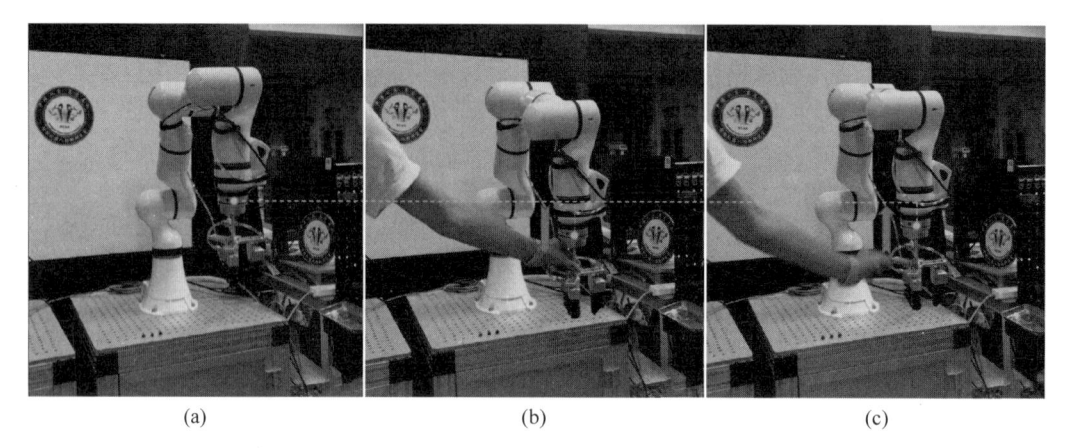

图 5-3 机器人在竖直方向受力的弹簧特性

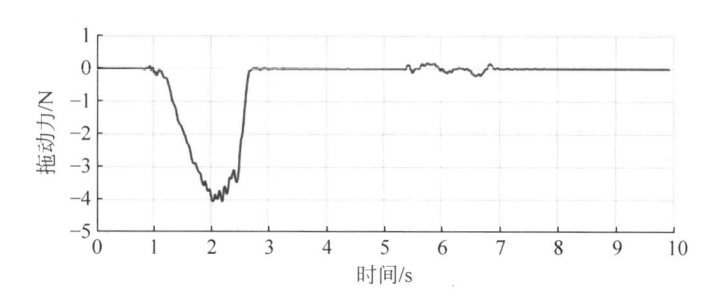

图 5-4 机器人竖直方向受力曲线

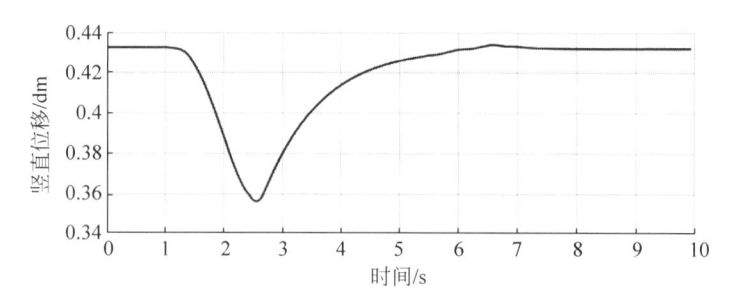

图 5-5 机器人竖直方向响应轨迹曲线

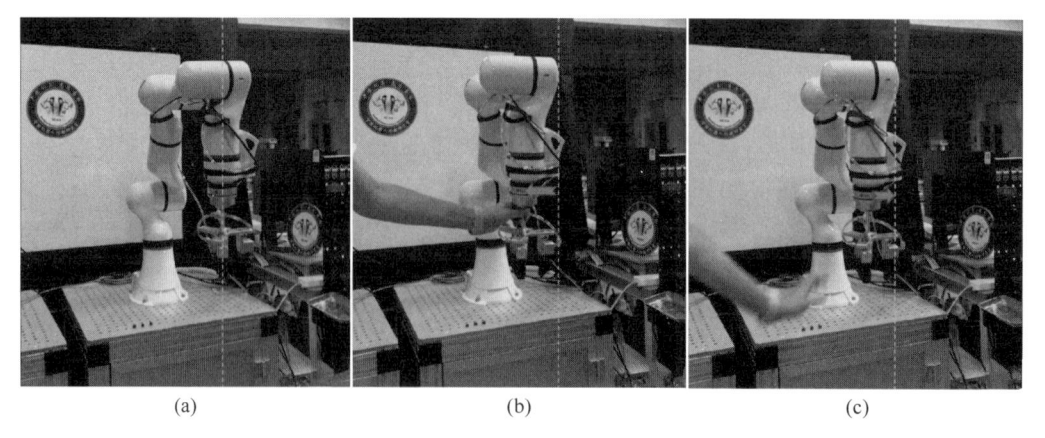

(a) (b) (c)

图 5-6 机器人在水平方向受力的弹簧特性

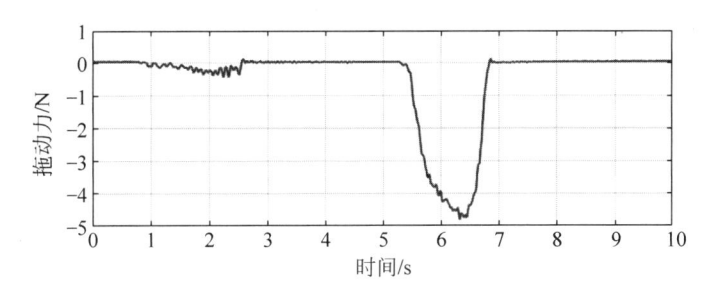

图 5-7　机器人水平方向受力曲线

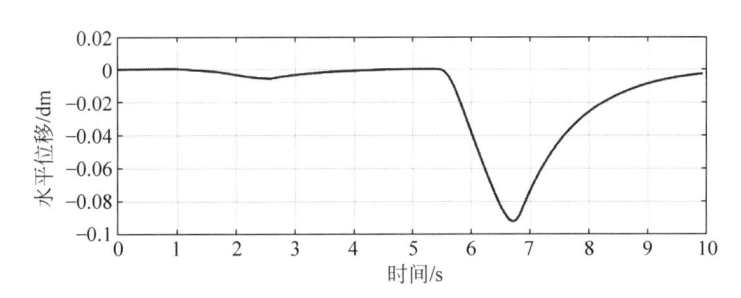

图 5-8　机器人水平方向响应轨迹曲线

5.2　基于力反馈的动态实时轨迹跟踪

5.2.1　机器人自由空间轨迹跟踪实现

在自由空间中应用柔顺控制技术可提升机器人日常运动中的抗干扰能力，增强机器人的作业稳定性与安全性。本小节介绍了在 xMate 3pro 力控系统中开展的自由空间圆周轨迹跟踪实验，实验中导纳控制算法使用的参数设置如下：

$$\begin{cases} \boldsymbol{M} = \mathrm{diag}\{1,1,1,1,1,1\} \\ \boldsymbol{B} = \mathrm{diag}\{40,40,40,40,40,40\} \\ \boldsymbol{K} = \mathrm{diag}\{30,30,30,30,30,30\} \end{cases} \quad (5-6)$$

实验过程如图 5-9 所示。图 5-9(a)中，机器人末端处于初始位姿；图 5-9(b)表示机器人末端沿圆周向下的实际运动过程；在图 5-9(c)中，机器人受到由人手施加的一个向左的外力作用而改变运动轨迹；图 5-9(d)时刻，表面外力消失后，机器人可重新回到期望轨迹继续运动。

类似这样的运动-外力干扰过程，机器人在图 5-9(c)、图 5-9(e)、图 5-9(g)及图 5-9(j)中共经历了 4 次外力干扰过程，对机器人处于圆周中的不同位置进行了实验测试；机器人分别在图 5-9(d)、图 5-9(f)、图 5-9(h)及图 5-9(k)中完成了 4 次平滑响应回弹运动，保持了对参考轨迹圆周的准确跟踪行为。

实验结果如图 5-10 所示。其中图 5-10(a)为机器人末端在笛卡儿空间的实际运动轨迹与期望运动轨迹的对比结果,图 5-10(b)为机器人末端在 x 轴方向上的受力曲线。从力传感器的受力情况来看,曲线在操作者释放机器人时迅速归于零位,这说明传感器不但准确识别了 x 轴方向上的受力情况,系统还及时对机器人在复位运动中的惯性力进行了有效补偿。从参考跟踪轨迹及实际力控轨迹对比来看,机器人能够稳定地对操作人员的拖动外力做出响应。在末端与参考轨迹发生偏移后,柔顺控制算法可将机器人末端平滑纠正至参考轨迹上,实现了在自由空间的轨迹顺应跟踪效果。

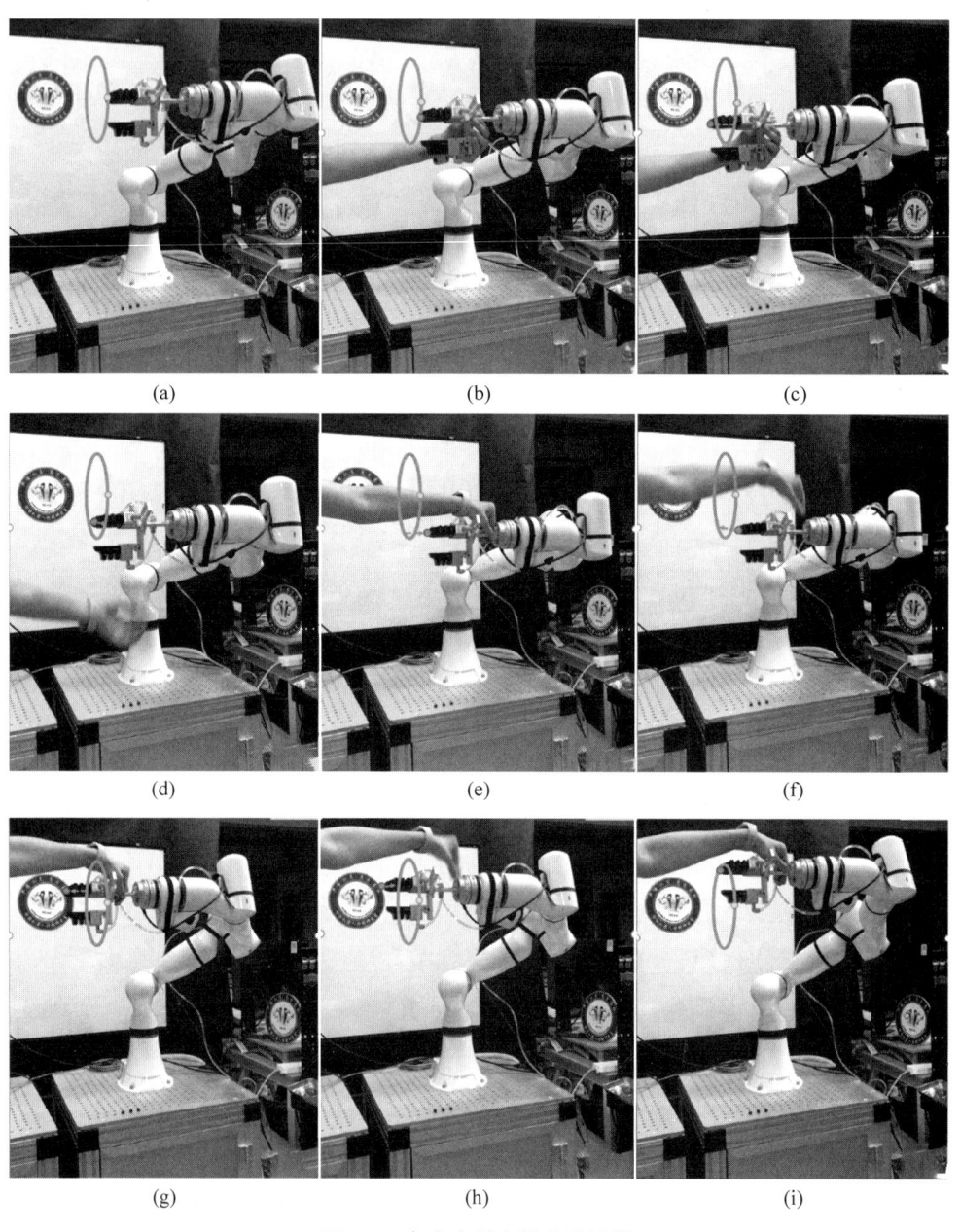

图 5-9　自由空间力控实验过程

(j)   (k)   (l)

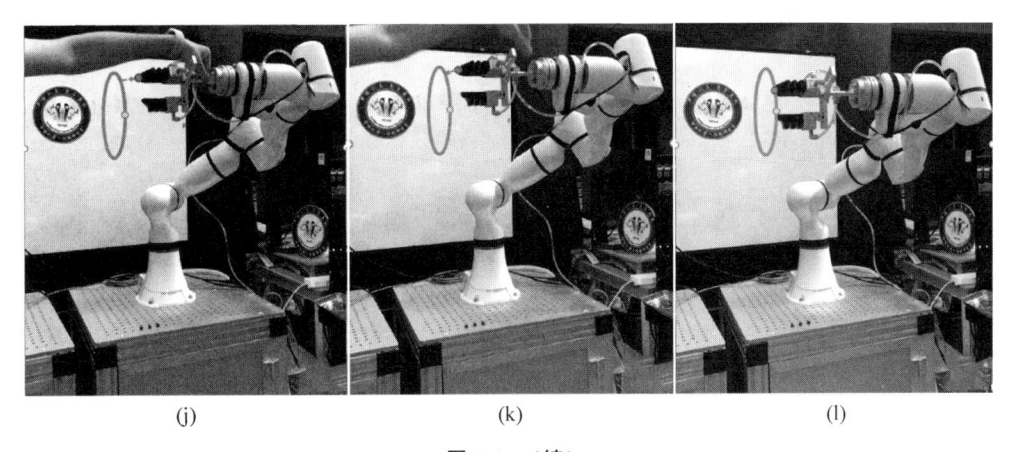

图 5-9 （续）

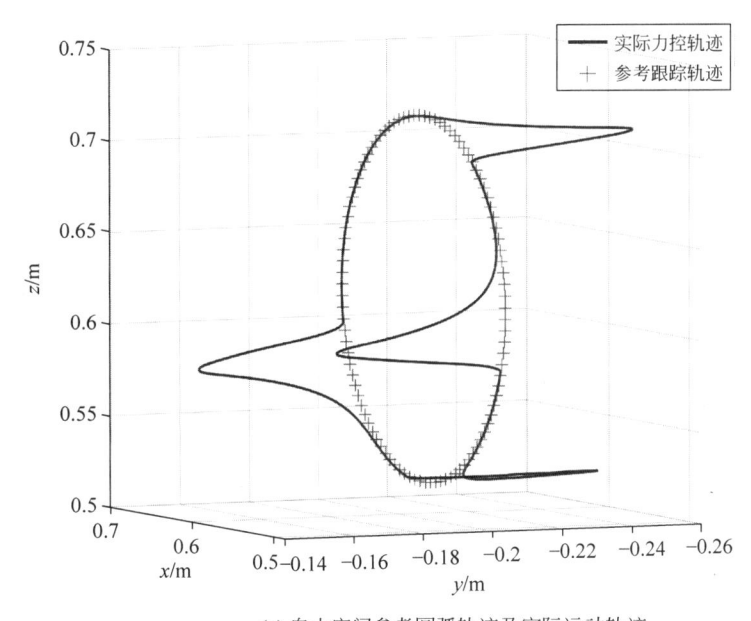

(a) 自由空间参考圆弧轨迹及实际运动轨迹

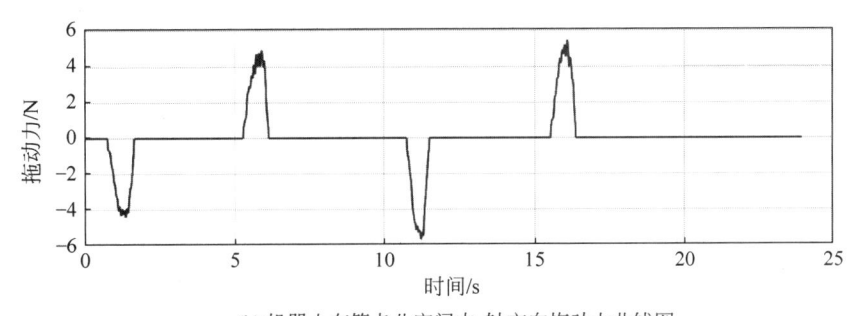

(b) 机器人在笛卡儿空间中 x 轴方向拖动力曲线图

图 5-10 自由空间力控实验结果

5.2.2 机器人任务空间恒力跟踪实现

机器人在打磨、去毛刺、复杂曲面跟踪等接触场景中有恒力接触作业要求,将柔顺控制技术应用于任务空间中,可对各类刚/柔性表面物体完成跟踪作业要求。如图5-11所示,在xMate 3pro型机器人末端安装六维力传感器与柔性滚轮,桌面上布置有一个长方体形状的白色泡棉,机器人需要完成夹持滚轮在白色柔性泡棉上的恒力跟踪作业的实验目标,验证柔顺控制算法在柔性接触场景下的恒力跟踪效果。

图 5-11 任务空间直线跟踪实验过程

针对任务跟踪目标表面高柔性、弱回弹、运动阻力小等特征,在接触面法线方向采用力控制策略,并在滚轮运动方向上采用位置控制策略,其阻抗参数设定如式(5-7)所示。在笛卡儿空间坐标系中观察机器人末端的受力曲线,其结果如图5-12所示。

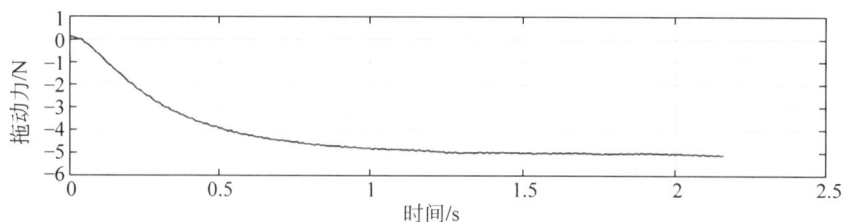

$$\begin{aligned}\boldsymbol{M} &= \mathrm{diag}\{1,1,1,1,1,1\} \\ \boldsymbol{B} &= \mathrm{diag}\{40,40,40,40,40,40\} \\ \boldsymbol{K} &= \mathrm{diag}\{0,0,0,30,30,30\}\end{aligned} \qquad (5\text{-}7)$$

图 5-12 直线轨迹任务空间力跟踪曲线

5.3 面向复杂曲面的恒力跟踪策略/解析 FCPressNURBS 指令

利用机器人代替人类完成繁杂的接触式操作任务,是当今科技社会减轻人类劳动负担的有效途径。从工业制造领域的工件探伤、打磨抛光等任务,再到医疗领域的接触式诊断作业,如今的机器人应用领域对作业空间内的力跟踪技术有迫切需求。为满足接触式作业需要,市面上的机器人产品提供的力控包使其具有一定的力跟踪接触式作业能力。以 ABB 公司开发的经典力控包为例,该力控包为满足各类简单力跟踪运动需求开发了相应的指令集,参考 ABB 力控说明手册,将其主要指令及对应功能总结如表 5-1 所示。

表 5-1 ABB 力控包主要指令及对应功能

力跟踪指令	指令用途及意义
FCPressL	将机器人工具中心点沿直线轨迹移动到指定目标点,并在移动过程中保持对外部环境面的接触力
FCPress1LStart	首先控制机器人与环境表面发生恒力接触,并将工具中心点沿直线移动到指定目标点,移动过程中保持接触力
FCPressC	将机器人工具中心点沿圆弧轨迹移动到指定目标点,并在移动过程中保持对外部环境面的接触力
FCPressEnd	使接触作业中的机器人与环境脱离接触

然而,此类力跟踪指令只能控制机器人以规则的运动轨迹(直线插补、圆弧插补等)完成接触作业,在实际应用中有较大的局限性。在打磨涡轮叶片、小提琴面抛光、曲面工件探伤及人体医疗诊断等作业场景中,机器人通常需要针对各类复杂型面工件的加工要求,在不规则曲面上完成力跟踪任务。针对此问题,本书结合 3.4 节中提到的轨迹规划算法,设计了一种面向复杂曲面的恒力跟踪策略,所形成的 FCPressNURBS 指令可补充当前机器人对复杂曲面接触贴合的技术空白。

3.4.2 小节提出了一种可满足机器人柔顺控制要求的轨迹规划策略,其中的 NURBS 曲线是基于有限示教点生成的平滑曲线,结合 T 型速度规划后形成了机器人对复杂曲面型贴合作业的理想参考轨迹。在此基础上,FCPressNURBS 指令将轨迹规划内容进一步与柔顺控制算法进行融合,形成了面向复杂曲线适应、运动轨迹平滑及作业面紧密贴合的精准力跟踪指令集。其算法实现由以下部分构成。

(1) 曲线反解函数——NURBS_Inverse。曲线反解函数的主要思路可参考 3.4.1 小节的式(3-110),功能在于根据复杂曲面的示教点信息、首末切矢及控制因子求解 NURBS 曲线的控制顶点信息,进而由控制顶点及控制因子确定 NURBS 曲线。该 NURBS 曲线将严格通过机器人在复杂曲面上得到的示教点,并可通过控制因子在一定范围内调整曲线的曲率。考虑到求解控制点中需要补充切矢条件,在机器人示教起始/终止阶段,可根据机器人大致运动趋势在曲线发生点与终止点处分别取间隔紧密的额外示教点,结合首末示教点与额外示教点以形成首末切矢,满足函数输入要求。

(2) 弧长计算公式——NURBS_Arc_Length。确定 NURBS 曲线后,需要根据机器人平滑运动要求对 NURBS 进行插补,即计算其曲线弧长以便对其进行离散化处理。考虑到 NURBS 曲线计算弧长解析较困难,可参考 3.4.2 小节的式(3-111)的数值计算方法计算弧长。求解过程中,首先将节点参数等距离散,并依据牛顿-柯茨(Newton-Cotes)方法计算离散点之间的每段弧长;进而通过累加方式计算累计弧长,为 T 型速度插补算法提供累计弧长的输入量。此过程中包含 NURBS 曲线对节点参数的求导步骤,该求导算法已有较多开源案例,在此不再赘述。

(3) 五次多项式拟合——Polyfit。对机器人运动轨迹的速度规划将确定运动时间与运动弧长之间的关系,而 NURBS 曲线的表达式中并不显含上述变量。为了将速度规划算法融入 NURBS 曲线中,必须架起一座由 NURBS 曲线弧长到节点参数的"桥梁",求解包含速度规划信息的节点参数。参考 3.4.2 小节,对均匀离散的节点参数及对应的累计弧长采用五次多项式方法进行拟合,生成拟合函数 f。

(4) T 型速度插补——T_Speed_Curve_Method。机器人的运动通常包含加速、匀速、减速的动态过程,参考 3.4.2 小节的式(3-115),本指令集采用 T 型速度插补算法完成速度规划任务。根据 NURBS 曲线的总弧长、用户指定的加速度、运动最大速度及减速度,算法对各运动阶段时间进行求解,经离散后即得到包含运动时刻信息的累计弧长 l_T。

(5) 导纳控制算法——Admittance Control。对复杂曲面的恒力跟踪任务通常要求机器人在作业竖直方向上采取力控制策略,在运动方向上采取位置控制策略。本条指令参考 3.3 节的导纳控制,包含重力/惯性力补偿及混合位置/力控制算法,通过给定 NURBS 曲线作为力控参考轨迹,实现对机器人与复杂曲面接触力的精准感知与稳定控制。

其算法设计可参考如下伪代码。

```
# FCPressNURBS 指令——算法伪代码
    输入: 复杂曲面示教点 P、首切矢 C'₀(0)、末切矢 C'ₙ₋₁(1)、控制因子 ω
         作业加速度 aₐ、减速度 a_d 与最大速度 v_max
         期望接触力 F_d
# NURBS 曲线反求控制顶点 D, NURBS 曲线即可随控制顶点而确定
    D ← NURBS_Inverse(P, ω, C'₀(0), C'ₙ₋₁(1))
# 等间距取 NURBS 参数 u 并计算 NURBS 曲线弧长
# 其中累计弧长为 l, 总弧长为 L
u ← {0, 0.001, 0.002, …, 1}
m = 1000
for i = 0, 1, …, m do
    (L, lᵢ) ← NURBS_Arc_Length(Pᵢ, uᵢ, u_{i+1})
End
# 采用五次多项式拟合累计弧长 l 与 NURBS 参数 u 的函数关系 f, 其中 u = f(l)
f ← Polyfit(l, u, 5)
# 对总弧长 L 做 T 型速度规划, 得到含规划信息弧长参数 l_T
# 指定加速度 aₐ、减速度 a_d 与最大速度 v_max
l_T ← T_Speed_Curve_Method(L, aₐ, a_d, v_max)
# 进一步利用五次多项式求解含规划信息的 NURBS 参数 u_T
u_T ← f(l_T)
```

第5章 机器人柔顺控制典型应用工程实践

♯ 将 NURBS 参数 u_T 代入 NURBS 曲线正解函数求得机器人期望轨迹 x_d
$x_d \leftarrow \text{NURBS}(u_T, \omega)$
♯ 指定期望接触力 F_d，代入柔顺控制算法实现跟踪效果
$x_c \leftarrow \text{Admittance\_Control}(x_d, F_d)$
输出：发送至机器人控制器的力控轨迹 x_c

根据上述伪代码实现思路，本书将实际控制代码部署于基于 Rokae xMate 机器人的柔顺控制系统中，在具有复杂曲面型的测试样品上对 FCPressNURBS 指令进行了测试。在测试中分别取阻抗参数 $M=1, B=30, K=30$，具体测试效果如图 5-13 所示。

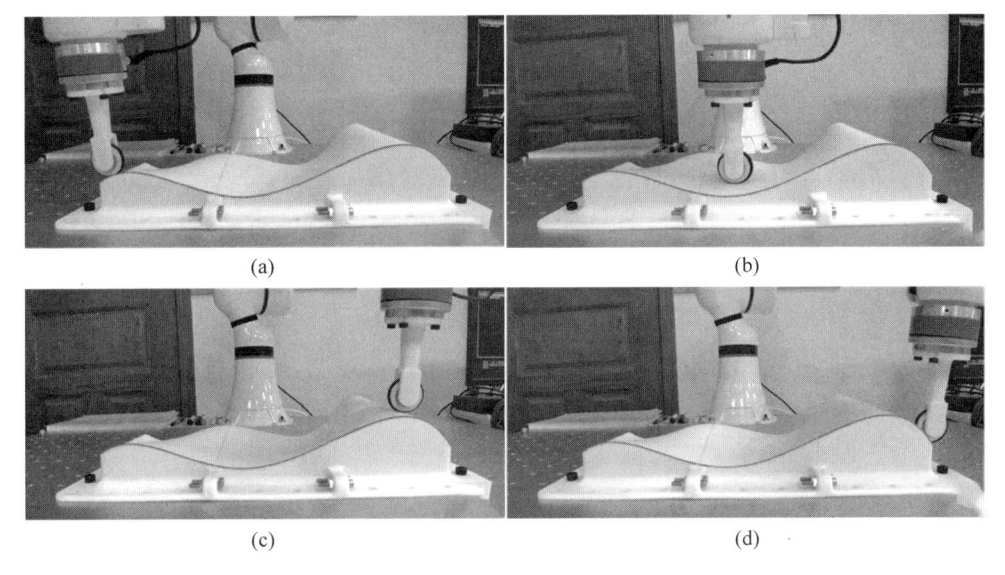

图 5-13 基于 FCPressNURBS 指令的复杂曲面恒力跟踪算法实现

图 5-14 及图 5-15 表明，FCPressNURBS 指令控制 xMate 机器人在复杂曲面上完成了轨迹跟踪任务，在保持速度 T 型可控的同时将接触力稳定在期望值 2N 左右，实现力控效果。

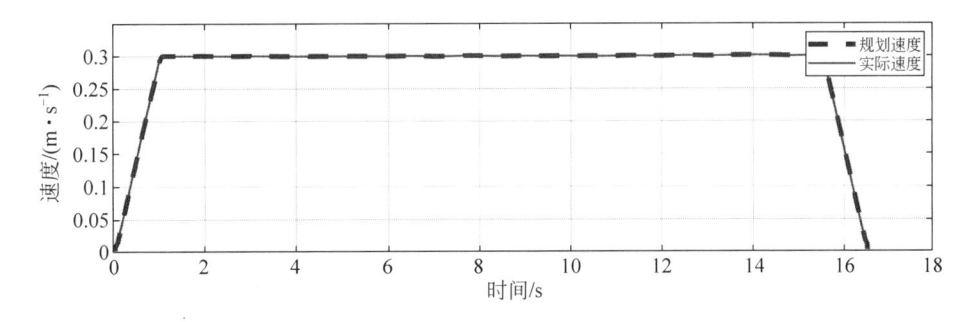

图 5-14 FCPressNURBS 指令控制下机器人速度曲线

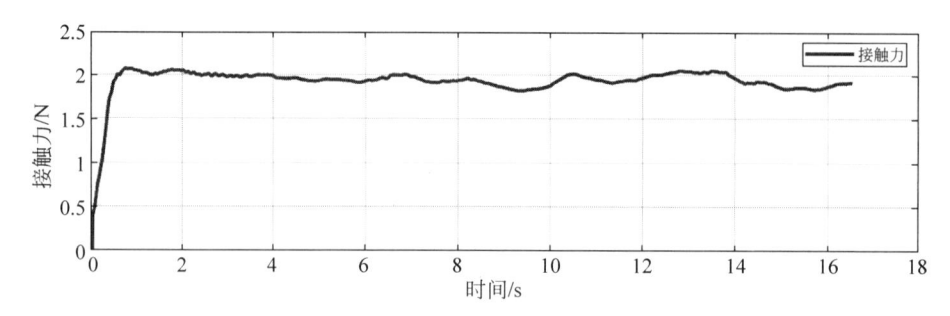

图 5-15　FCPressNURBS 指令控制下机器人接触力曲线

5.4　机器人柔顺精密装配工程实践

装配环节是工业生产的最终工序,利用机器人技术帮助工人完成装配任务是提升装配效率与装配质量的有效手段。然而,传统离线编程示教模式下的机器人装配缺乏与外界环境的交互感知能力,面临装配运动路径示教精度不高、装配接触点位存在定位误差等问题时,机器人极易与外界环境发生卡阻现象,其产生的刚性接触力可能造成机器人的损坏。针对此问题,本书将柔顺控制技术应用于机器人装配运动,通过对机器人的外部力感知实时调整接触力和接触位姿,实现机器人与待装配物的装配状态安全可控,提升机器人装配效率。

5.4.1　柔顺装配实践分析

目前,机器人常采取手动示教、视觉感知等方式定位装配位姿,其精度通常无法满足实际装配要求。在机器人获取装配目标的位姿粗定位识别的基础上,本书采用柔顺算法控制机器人继续完成装配作业;由传感器反馈的位置/力信息进行实时运动决策,使机器人在装配过程中表现出柔顺特性,从而解决精密装配任务面临的"最后一公里"挑战。以轴孔装配任务为例,机器人的装配过程大致可包括调姿寻面、运动搜孔、柔顺插孔等步骤。

1. 调姿寻面

如图 5-16 所示,粗定位方法使机器人存在姿态误差,两装配平面无法满足装配过程容许范围内的平行度误差要求,其在抵近接触后轴孔零件间仍存在接触角 α。过大的接触角将引发装配中的卡阻现象,引发安全风险。

采用柔顺力控算法使夹持轴零件的机器人与孔零件表面发生恒力接触,图 5-16 为机器人夹持孔零件与轴零件表面的接触情形分析。其中,接触角 α 引起了机器人末端力矩,沿传感器坐标系 $\{S\}$ 的 X 轴方向的力矩表示为 M_X,沿 Y 轴方向的力矩表示为 M_Y;机器人末端与接触点处的受力 F_N 方向垂直于轴零件平面,可正交分解为沿传感器坐标系 $\{S\}$ 的 Z 轴方向的分力 F_{N_Z} 及 F_{N_X}。为使孔零件与轴零件表面尽可能平行,本书采用机器人末端六

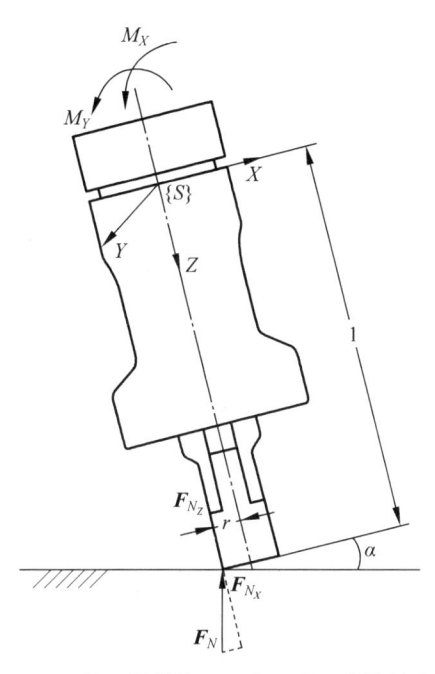

图 5-16 装配零件的平面度误差形成接触角 α

维力传感器采集到的力矩信息对机器人姿态进行实时调整,调姿运动的方向与当前机器人末端坐标系下力矩矢量的负向保持一致。在恒接触力作用下,调姿运动将不断减小力矩矢量以减小接触角 α,实现轴-孔零件表面的平行调姿。

2. 运动搜孔

实现轴-孔零件的装配面平行对齐后,机器人还需要夹持轴零件完成精准插孔位置的搜寻任务。本书引用螺旋线作为搜孔轨迹,结合恒力跟踪算法形成螺旋搜孔策略,意在对操作平面进行全覆盖式搜索,在接触力分析与实时力反馈中得到精准插孔位置。首先引入常见的阿基米德螺旋线,其极坐标方程可表达为

$$r = a + b \cdot \theta \tag{5-8}$$

阿基米德螺旋线如图 5-17 所示。

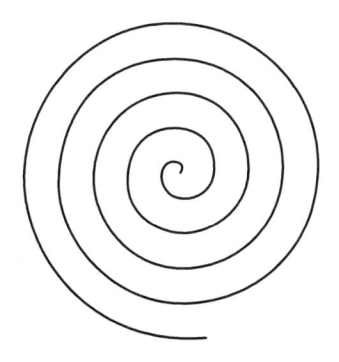

图 5-17 阿基米德螺旋线示意图

将阿基米德螺旋线按机器人的运动要求进行速度规划,式(5-8)在直角坐标系中表达为

$$\begin{cases} x = b\theta \cdot \cos(\theta) \\ y = b\theta \cdot \sin(\theta) \end{cases} \tag{5-9}$$

式中,参数 b 和 ω 为定值;b 为螺旋线的螺距参数,ω 为控制曲线疏密度的角速度参数。设螺旋线的弧长微分为 $\mathrm{d}s$,则有如下微分关系:

$$\frac{\mathrm{d}s}{\mathrm{d}t} = \frac{\mathrm{d}s}{\mathrm{d}\theta} \cdot \frac{\mathrm{d}\theta}{\mathrm{d}t} \tag{5-10}$$

将螺旋线的位移分解为沿半径方向的法向运动和垂直半径方向的切向运动,各微分分量的关系如图 5-18 所示。螺旋线在 x 方向和 y 方向的位移可以表示为

$$\begin{cases} \dfrac{\mathrm{d}x}{\mathrm{d}\theta} = b\cos(\theta) - b\theta\sin(\theta) \\ \dfrac{\mathrm{d}y}{\mathrm{d}\theta} = b\sin(\theta) + b\theta\cos(\theta) \end{cases} \tag{5-11}$$

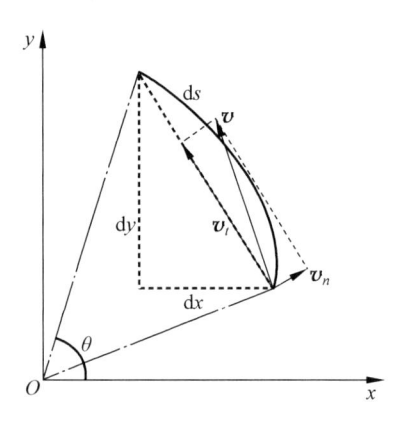

图 5-18 螺旋线的微分分量关系

式(5-11)可视为由向量 $\boldsymbol{\sigma}_t$ 与向量 $\boldsymbol{\sigma}_n$ 组成,二者表达式如式(5-12),螺旋线的切向速度与法向速度则可进一步表达为式(5-13):

$$\begin{cases} \boldsymbol{\sigma}_t = [-b\theta\sin(\theta), b\theta\cos(\theta)] \\ \boldsymbol{\sigma}_n = [b\cos(\theta), b\sin(\theta)] \end{cases} \tag{5-12}$$

$$\begin{cases} \boldsymbol{v}_t = \dfrac{\mathrm{d}\theta}{\mathrm{d}t}\boldsymbol{\sigma}_t = \omega\boldsymbol{\sigma}_t \\ \boldsymbol{v}_n = \dfrac{\mathrm{d}\theta}{\mathrm{d}t}\boldsymbol{\sigma}_n = \omega\boldsymbol{\sigma}_n \end{cases} \tag{5-13}$$

对式(5-13)取模以进行速度规划得到式(5-14),计算线速度得到式(5-15):

$$\begin{cases} \|\boldsymbol{v}_t\| = \omega^2 bt \\ \|\boldsymbol{v}_n\| = \omega b \end{cases} \tag{5-14}$$

$$v = \sqrt{v_t^2 + v_n^2} = b\omega\sqrt{1 + (\omega t)^2} \tag{5-15}$$

由式(5-14)可以看出,螺旋轨迹的切向速度 v_t 是关于时间的函数。随着时间的增加,切向速度逐渐增大,机器人运动速度越来越快,这不利于搜孔过程的稳定性。对螺旋线做 T 型速度规划,得到式(5-16):

$$v = \begin{cases} at, & 0 \leqslant t \leqslant t_1 \\ v_c, & t_1 \leqslant t \leqslant t_2 \end{cases} \tag{5-16}$$

式中,a 表示加速度,v_c 表示匀速阶段的线速度;机器人在 $0 \leqslant t \leqslant t_1$ 时刻保持匀加速阶段,在 $t_1 \leqslant t \leqslant t_2$ 时刻保持匀速运动。联立式(5-15)与式(5-16),可以最终求得螺旋线参数 ω 与实践参数 t 的关系:

$$\omega(t) = \begin{cases} \sqrt{\dfrac{\sqrt{1+\dfrac{4a^2 t^4}{b^2}}-1}{2t^2}}, & 0 < t \leqslant t_1 \\ \sqrt{\dfrac{\sqrt{1+\dfrac{4v_c^2 t^2}{b^2}}-1}{2t^2}}, & t_1 < t \leqslant t_2 \end{cases} \tag{5-17}$$

将上式代入式(5-9),即可得到速度可控的螺旋线表达式。在此过程中,当机器人处于合适的装配位姿时,机器人末端感受到来自装配接触面的作用力与搜孔阶段存在较大差别,故可通过实时采集并分析对装配面法向接触力的连续性以设定搜孔位置判断条件。在该螺旋搜孔的策略控制下,机器人夹持孔零件进行的运动过程如图 5-19 所示。

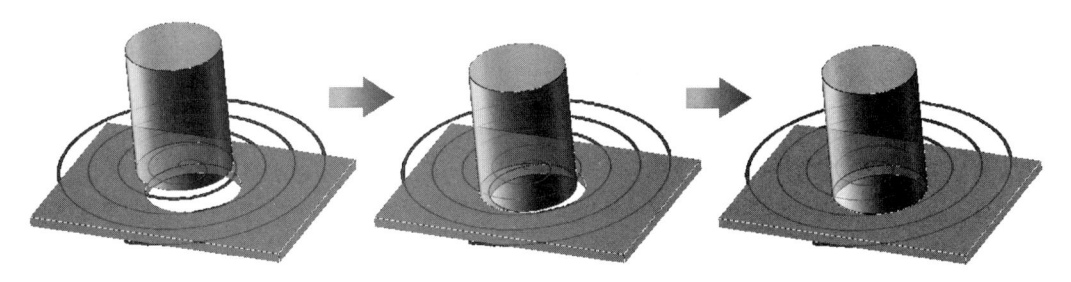

图 5-19　表面全覆盖的螺旋运动搜孔策略

3. 柔顺插孔

机器人运动至合适的装配位姿后,即可进一步进行柔顺插孔过程,克服法向运动阻力完成插孔作业。如图 5-20 所示,插孔过程中,轴-孔之间的位姿动态变化关系十分复杂,其产生的插孔阻力难以通过简单模型进行分析与预测。本书采用基于定点恒力跟踪的柔顺插孔策略,参考前文的实验力控经验,综合考虑装配目标的环境刚度要求及轴-孔几何形状要求,设置插孔运动的期望力、期望位置及阻抗系数等控制参数,以完成最终轴-孔装配任务。

(a)   (b)   (c)   (d)

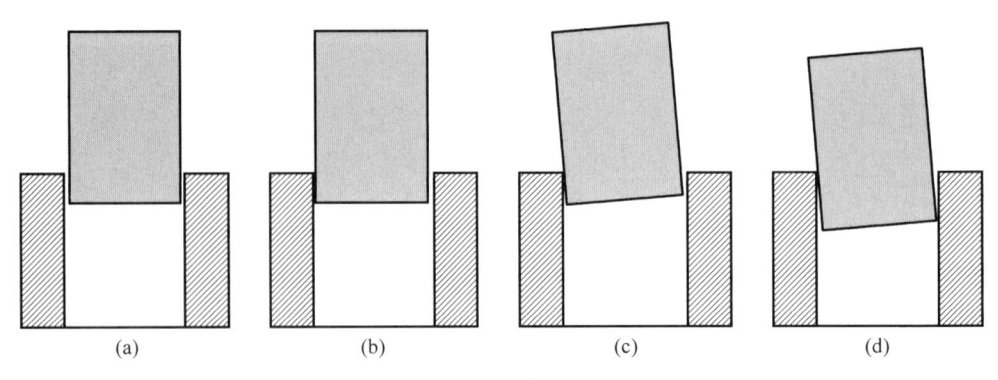

图 5-20　插孔过程中的位姿动态变化关系

5.4.2　单臂机器人柔顺装配验证

单臂机器人的柔顺装配技术适用于被装配对象与外部环境存在固连约束的作业场景中，通常伴随较大的环境刚度要求。本书基于图 5-21 所示的 UR10 协作臂系统开展实验，机器人末端采用了 Robotiq 二指夹爪执行器。在该任务中，机器人需要分别面向规则型面零件与字母类复杂型面零件作业场景，夹持各类铝制轴型零件插入下方铝制平台上对应的配合孔中。

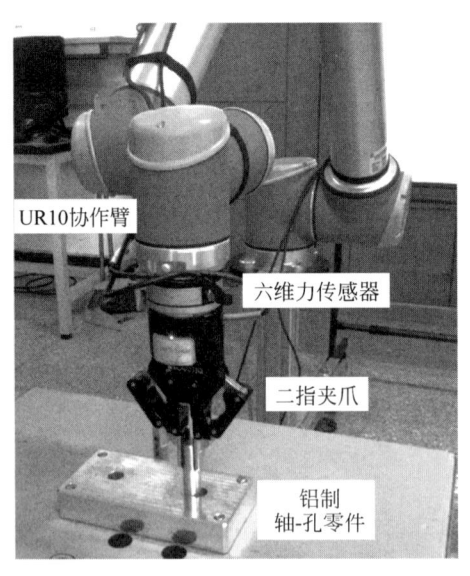

图 5-21　UR10 协作臂轴孔装配系统

面向圆柱形轴-孔零件的插孔作业是工业界中最具有普遍性的装配任务。在本实验中，UR10 协作臂夹持的轴类零件具有圆柱形设计，轴-孔的铝合金材质还原了工业装配任务中的刚性接触场景。

如前文所述，示教定位、视觉定位等粗定位方法获得的装配位姿并不总是满足装配精度要求。协作臂夹持的孔类零件末端与装配平面之间存在接触角误差，首先根据末端六维力矩完成自适应寻面过程。在柔顺算法的控制下,机器人夹持铝制零件与刚性平台发生恒力接触,此过程中协作臂的柔顺控制参数如下所示:

$$\begin{cases} \bm{M} = \{1,1,1,1,1,1\} \\ \bm{K} = \{30,30,30,0,0,0\} \\ \bm{B} = \{50,50,50,50,50,50\} \\ \bm{F}_\mathrm{d} = \{0,0,-2,0,0,0\} \end{cases} \tag{5-18}$$

圆柱形零件寻面过程及末端力传感器采集的力矩曲线如图 5-22 和图 5-23 所示。

图 5-22　圆柱形零件寻面过程

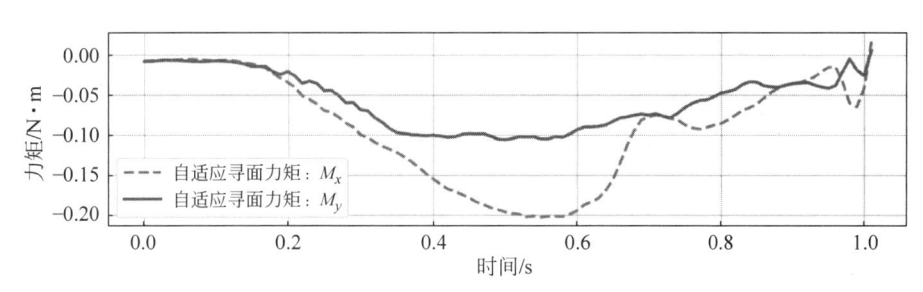

图 5-23　末端力传感器采集的力矩曲线图

完成寻面对准后,轴孔零件之间可在柔顺力控算法的控制下进行滑动搜孔。基于 5.4.1 小节中设计的全平面覆盖螺旋搜孔方法,保持柔顺控制参数不变,机器人通过在恒力接触过程中判断接触面法向的受力变化情况成功搜寻到装配位置。搜孔过程中,通常伴随骤减/骤增的法向力,如图 5-24 和图 5-25 所示。

完成搜孔任务后,轴孔零件之间可在恒力控制算法下进行柔顺插孔。参照刚性面定点恒力控制思路,设计柔顺算法对插孔过程进行控制。为插孔法向设定大小为 2.5N 的期望力并维持其余柔顺控制参数不变,圆柱形轴零件在力控算法控制下缓速插入平台圆孔。以插孔法向力的稳定跟踪条件、平面正交力定值稳定条件为插孔判定依据,稳定的受力曲线标志着插孔任务的完成,具体插孔过程及受力曲线如图 5-26 和图 5-27 所示。

(a) (b) (c) (d)

图 5-24　圆柱形零件搜孔过程

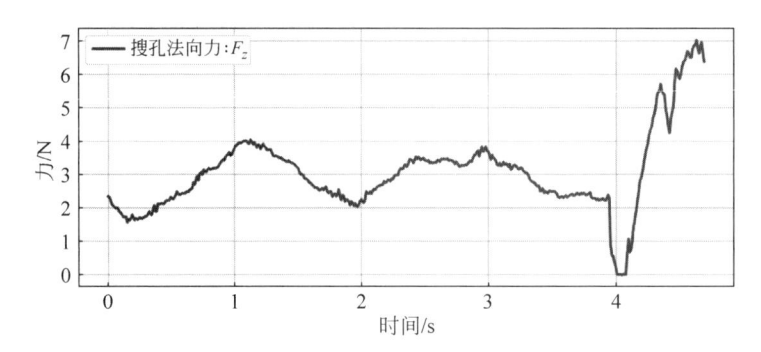

图 5-25　搜孔过程中的法向力曲线图

(a) (b) (c) (d)

图 5-26　圆柱形零件插孔过程

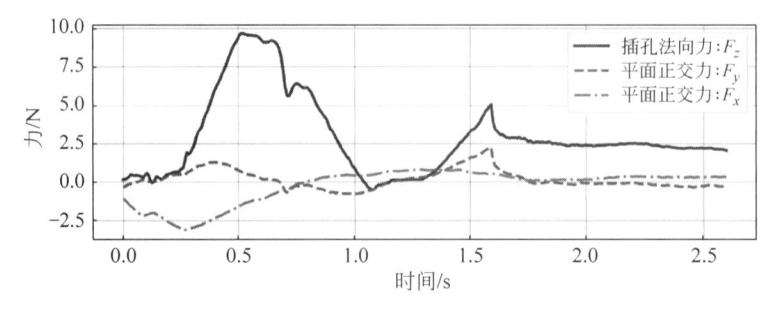

图 5-27　插孔过程中的受力曲线

5.4.3 双臂机器人柔顺装配验证

由 5.4.2 小节的实验部分可以看出,单臂机器人装配方法对与外部环境固连的被装配对象可以表现出较好的装配效果,机器人需要在任务空间中搜寻固定装配位姿以避免卡阻现象。然而,在 3C 电子、汽车制造乃至航空航天等非结构化场景中,高端装备的装配对象存在型面各异、尺寸精细及位姿不固定等装配要求,为机器人装配作业带来了新的挑战。

如图 5-28 所示,拟人双臂机器人的兴起为高端装备的装配问题提供了更优的解决方案。机器人通常由具有 SRS(spherical-roll-spherical)拟人构型的双机械臂构成,相较单臂装配模式,其可通过协作策略实时调整待装配物体的位姿,以更灵活的运动能力满足装配位姿要求。此外,双臂机器人的拟人化特点使其能够在装配时适应多样化的装配对象及非结构化的装配环境,为复杂装配任务提供了通用解决思路。

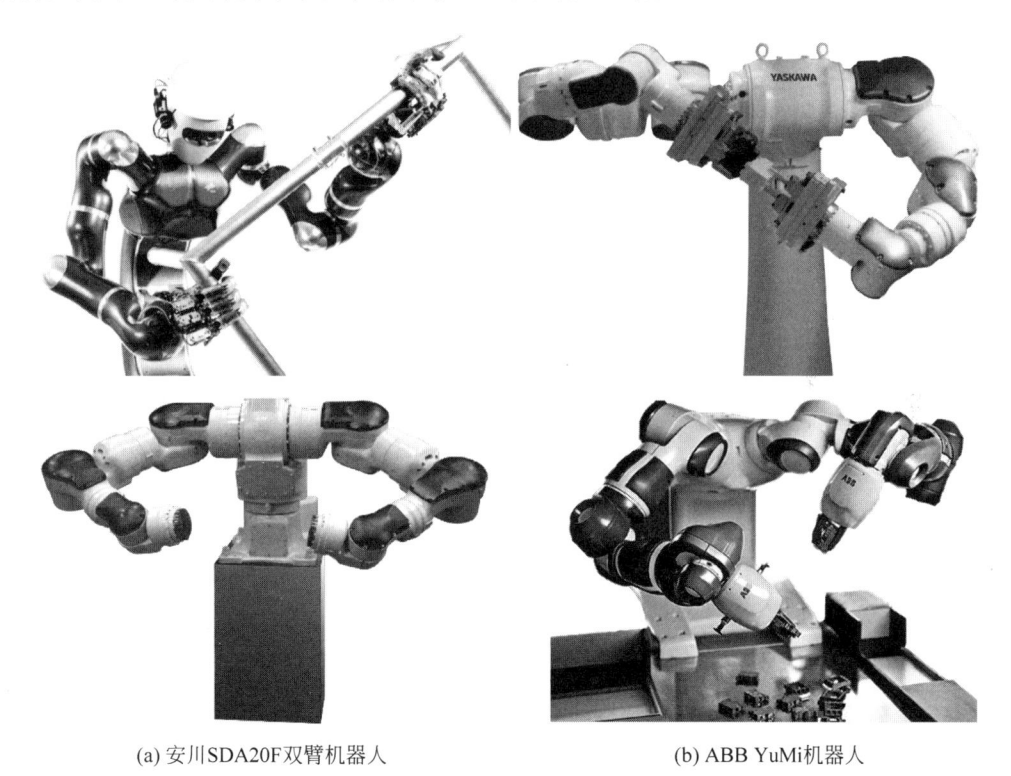

(a) 安川SDA20F双臂机器人　　　　　　(b) ABB YuMi机器人

图 5-28　拟人双臂机器人的装配作业

为满足多样化装配任务需要,本书基于 4.1 节中柔顺控制系统部分进行内容设计并搭建了拟人双臂柔顺装配系统。该系统由两台 SRS 构型协作臂、两台六维力传感器、两台二指电动夹爪及一台三维视觉相机构成。双臂拟人柔顺控制系统硬件设备的具体选型如表 5-2 所示。

表 5-2　双臂拟人柔顺控制系统硬件设备选型

设 备 类 型	设备型号与数量	功能及优势
SRS 构型协作臂	两台珞石 xMate ER3 pro 协作臂	重复精度：±0.03mm 通信频率：1kHz
六维力传感器	两台坤维 KWR75B 六维力传感器	分辨率：0.1%FS 采样频率：1kHz
二指电动夹爪	两台钩舵 RG75-300 夹爪	行程：0～75mm 夹持力：40～300N(可控)
三维视觉相机	一台 Mech-Eye PRO S 相机	分辨率：1920×1200 像素数：2.3MP

搭建拟人双臂系统需要对双臂共同构成的系统工作空间、协作空间、双臂的运动/力可操作性能和臂角运动范围等进行综合设计。采用上述设备搭建拟人双臂装配系统时，本书以双臂肩宽(arm distance)、前倾角(forward angle)与上倾角(upward angle)为目标参数对双臂安装位姿进行优化设计，其关键构型参数如表 5-3 所示。

表 5-3　拟人双臂柔顺系统关键设计参数

参 数 类 型	参数设计方法	参数设计值
双臂肩宽	工作/协作空间优化、双臂可操作性优化、肘关节运动范围优化	肩宽 AD=480mm
臂型前倾角		前倾角 FA=30°
臂型上倾角		上倾角 UA=25°

参照表 5-2 所示设备选型方案及表 5-3 的拟人双臂系统参数设计值，本书搭建的拟人双臂柔顺装配系统实物如图 5-29 所示。该基于拟人构型设计的双臂柔顺装配系统具备良好的避障能力、灵活的可操作度及精准的力/力矩感知能力，其双臂协调作业模式使机器人完成复杂零部件的装配任务成为可能。

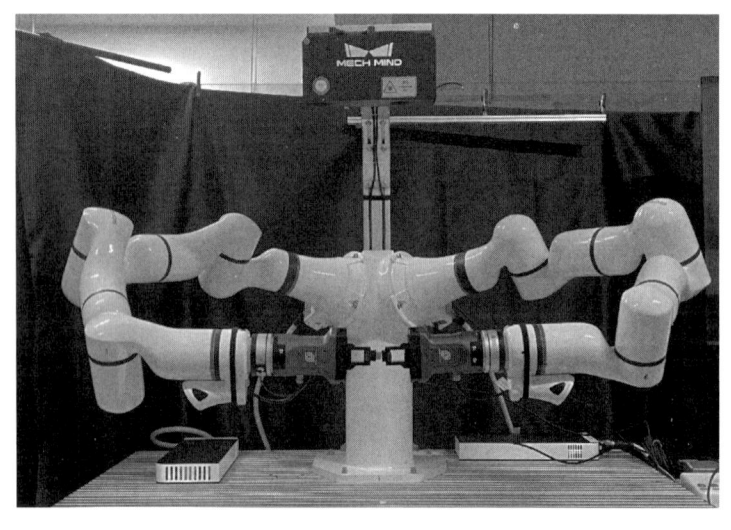

图 5-29　拟人双臂柔顺装配系统实物

标准电气类接口在 3C 电子、汽车制造乃至航空航天等领域的高端设备中应用广泛,利用双臂机器人进行标准化电气类零件装配是实现高端设备高质、高效、自动化生产的必然趋势。本书以 3C 电子行业中常见的标准化 HDMI 接口装配任务为例,为读者提供一种控制拟人双臂机器人完成复杂装配任务的解决方案。

HDMI 接口的装配面具有不规则边缘特征,其装配任务存在多点位的姿态对准要求。在实际装配过程中,过大的装配接触力、容许范围外的装配位姿误差均可能引发装配卡阻现象。此外,HDMI 型电气装配接口通常具有精密结构设计,众多薄壁、针脚金属结构在装配过程中存在受力形变风险,进而引发零件损坏失效。

参照图 5-30 所示人类双臂装配运动过程,人类在装配 HDMI 接口时同样涉及装配三大过程,与单臂机器人的轴-孔零件装配过程存在相似之处。不同之处在于,在面向此类复杂装配对象时,双臂柔顺装配平台可针对装配的零件特性采取协同作业策略。人类在装配时,双臂通常会表现出不同的作业刚度,刚度较强的手臂(称为主臂)通常用以维持装配位置的稳定,在装配力作用下的位姿调整范围通常较小;刚度较弱的手臂(称为从臂)通常用于在装配过程中的位姿调整,根据装配过程中的实时反馈力完成调姿、搜孔、插孔等装配过程。

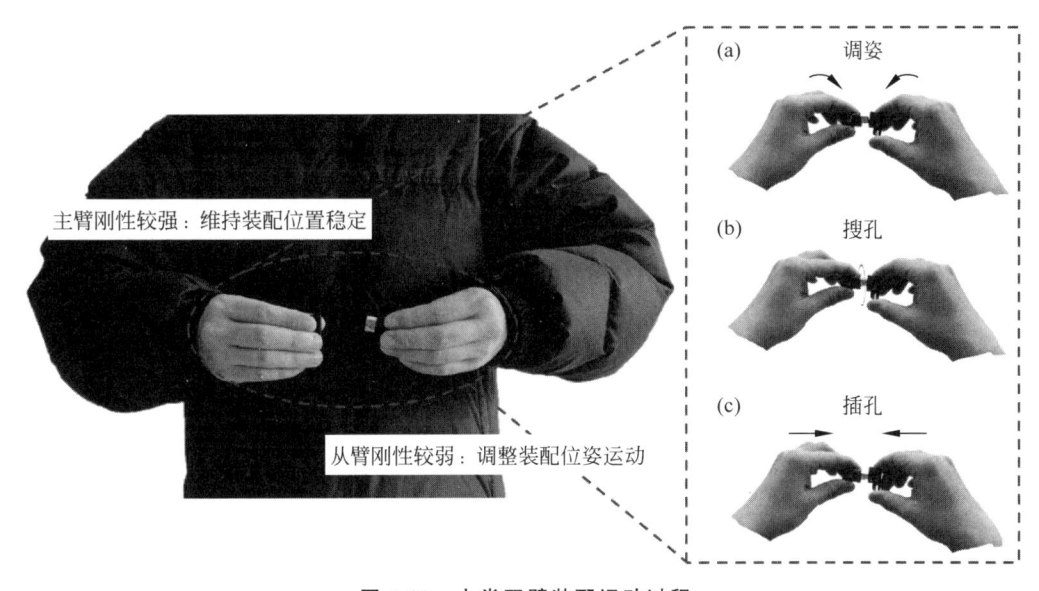

图 5-30　人类双臂装配运动过程

充分发挥双臂机器人在 HDMI 零件装配过程中的协作优势是提升装配成功率与装配效率的有效手段,上述"主刚从柔"的双臂装配刚度特性给予了我们在拟人双臂机器人控制上的启发。在下文的装配实验中,机器人的阻抗特性将参考这一规律进行设置。

1. 双臂机器人姿态自适应寻面算法验证

将 5.4.2 小节中姿态自适应寻面算法迁移到拟人双臂柔顺装配系统中进行实验验证。为实现姿态角的感知与调整,为左臂和右臂分别设定预期 2N 的恒力接触目标,实验过程中为双臂设定的机器人柔顺控制参数分别如式(5-19)及式(5-20)所示：

$$左臂：\begin{cases} \boldsymbol{M} = \{1,1,1,1,1,1\} \\ \boldsymbol{K} = \{30,30,30,0,0,0\} \\ \boldsymbol{B} = \{50,50,50,50,50,50\} \\ \boldsymbol{F}_d = \{0,0,-2,0,0,0\} \end{cases} \quad (5\text{-}19)$$

$$右臂：\begin{cases} \boldsymbol{M} = \{1,1,1,1,1,1\} \\ \boldsymbol{K} = \{120,120,120,0,0,0\} \\ \boldsymbol{B} = \{50,50,50,50,50,50\} \\ \boldsymbol{F}_d = \{0,0,-2,0,0,0\} \end{cases} \quad (5\text{-}20)$$

式中，$\boldsymbol{M}$ 表示柔顺控制的质量系数，$\boldsymbol{K}$ 表示待装配物底面接触后机器人的刚度系数，改变接触后柔顺控制系统的刚度系数使双臂机器人在姿态调整时系统能更加稳定；$\boldsymbol{B}$ 表示柔顺控制的阻尼系数，$\boldsymbol{F}_d$ 表示接触期望力。双臂机器人实现 HDMI 接口的姿态自适应寻面过程的局部细节如图 5-31 所示。

图 5-31 双臂机器人实现 HDMI 接口的姿态自适应寻面过程的局部细节

上述双臂姿态自适应寻面过程中末端接触力和末端力矩变化数值如图 5-32 所示。

在图 5-32 中，通过接触面法向力 F_z 的变化判断双臂夹持待装配物体的接触状态，当 F_z 接近期望接触力 F_d 时开始基于柔顺控制的姿态调整。参考单臂装配案例中的寻面实验，以自适应寻面力矩 M_x 和 M_y 作为双臂机器人调姿判断依据，当接触角 α 引起的力矩趋于零(具体设定条件为 $M_x \leqslant 0.02\text{N}\cdot\text{m}$ 及 $M_y \leqslant 0.02\text{N}\cdot\text{m}$)、接触力 F_z 相对恒定时，认为两个 HDMI 零件达到平行装配要求。

2. 双臂机器人柔顺搜孔实验

当待装配物的底面相互平行后，开始双臂机器人的柔顺搜孔的过程。根据 5.4.1 小节所述的速度可控的螺旋搜索算法，螺旋轨迹的参数设置为

$$\begin{cases} b = 0.0001\text{m} \\ v_c = 0.008\text{m/s} \\ a = 0.008\text{m/s}^2 \end{cases} \quad (5\text{-}21)$$

(a) 左臂机器人姿态自适应末端法向受力

(b) 左臂机器人姿态自适应寻面力矩

(c) 右臂机器人姿态自适应末端法向受力

(d) 右臂机器人姿态自适应寻面力矩

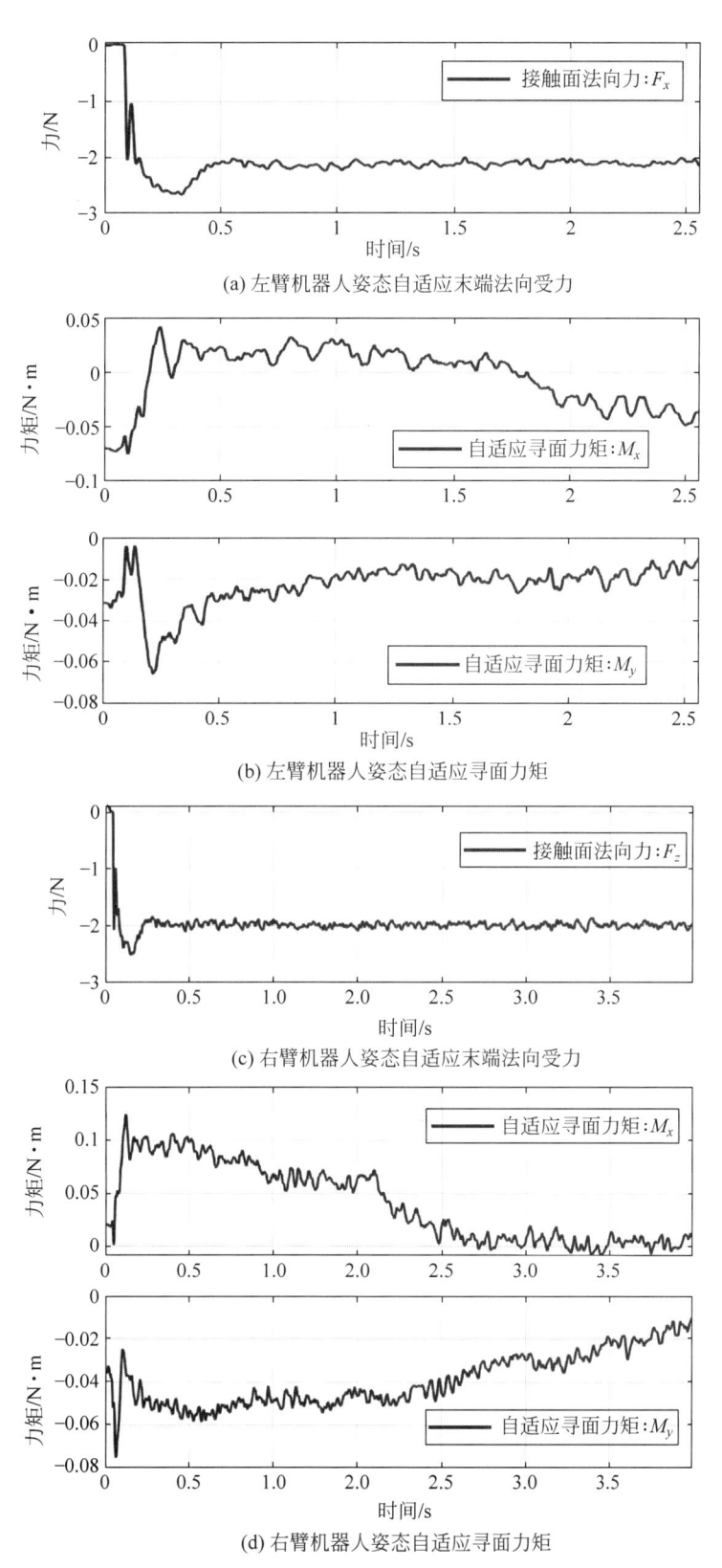

图 5-32 双臂机器人姿态自适应寻面末端接触力和寻面力矩

为满足 HDMI 接口的多点位对准要求、补偿接触平面的姿态误差，系统控制右臂机器人夹持待装配零件沿接触面法线方向做周期性匀速转动。用 φ 表示机器人旋转搜孔运动沿接触面法线方向的角位移，则角位移增量为 $\Delta\varphi$；运动周期表示为 T，实验中具体参数设置为

$$\begin{cases} \varphi_{\max} = 5° \\ T = 0.2\text{s} \end{cases} \tag{5-22}$$

同时在搜孔的过程中，基于双臂机器人混合位置/力控制的柔顺装配方法，设定左臂用于模拟刚性平台（主臂），右臂以较柔的阻抗特性进行柔顺搜孔任务（从臂）。在此过程中，参考"主刚从柔"的双臂协作装配规律，双臂的柔顺控制参数分别设定为

$$左臂：\begin{cases} \boldsymbol{M} = \{1,1,1,1,1,1\} \\ \boldsymbol{K} = \{120,120,120,0,0,0\} \\ \boldsymbol{B} = \{50,50,50,50,50,50\} \\ \boldsymbol{F}_\text{d} = \{0,0,-1,0,0,0\} \end{cases} \tag{5-23}$$

$$右臂：\begin{cases} \boldsymbol{M} = \{1,1,1,1,1,1\} \\ \boldsymbol{K} = \{30,30,30,0,0,0\} \\ \boldsymbol{B} = \{50,50,50,50,50,50\} \\ \boldsymbol{F}_\text{d} = \{0,0,-1,0,0,0\} \end{cases} \tag{5-24}$$

基于上述搜孔策略实现双臂机器人柔顺搜孔实验，双臂柔顺搜孔过程如图 5-33 所示。其中，刚性较强的左臂维持装配过程中的相对位置稳定，刚性较弱的右臂采用螺旋搜孔算法进行主动的搜孔任务，其轨迹规划策略参考 5.4.1 小节中导出的公式进行实现。

(a)　　　　　　　　(b)　　　　　　　　(c)

图 5-33　双臂机器人搜孔过程

在装配接触平面进行螺旋运动和法向转动的过程中，柔顺系统控制机器人在法线方向上对恒定期望接触力进行跟踪，通过综合判定实际接触力 F_z 与期望接触力 F_d 之间的差值范围、接触面螺旋运动方向上的受力情况（即 F_x 与 F_y 的受力情况）以得到实际装配位置。实验过程中，运动方向上的受力曲线的突变、接触面法线方向上的受力曲线突变等现象表明待装配轴-孔零件的内壁存在碰撞，因此可以判定已经搜索到孔的位置。具体实验中，搜孔过程机器人末端运动轨迹如图 5-34 所示，在搜孔任务过程中从臂（右臂）末端接触力和运

动轨迹如图 5-35 所示。

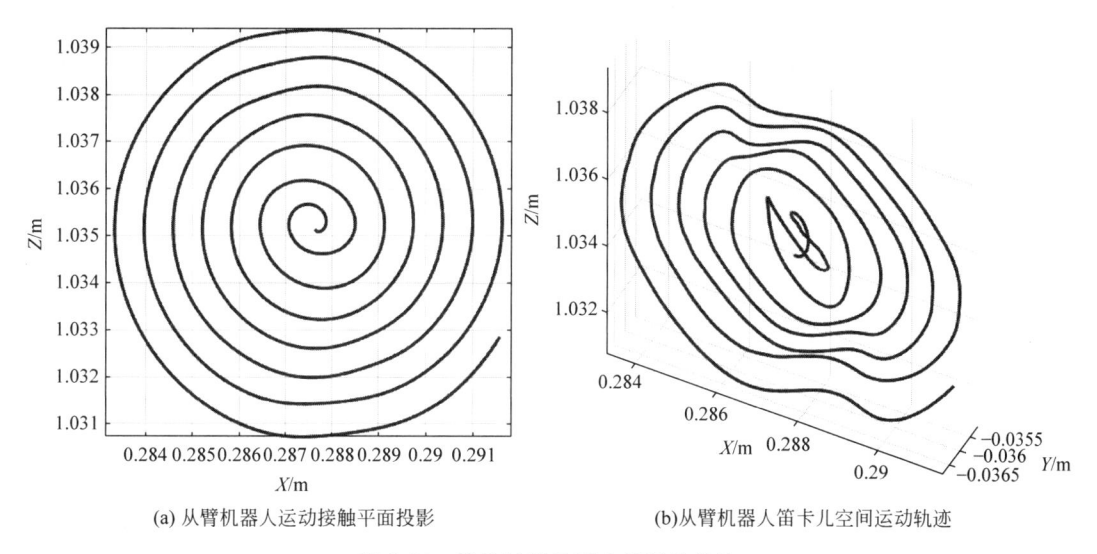

(a) 从臂机器人运动接触平面投影

(b) 从臂机器人笛卡儿空间运动轨迹

图 5-34 搜孔过程从臂末端运动轨迹

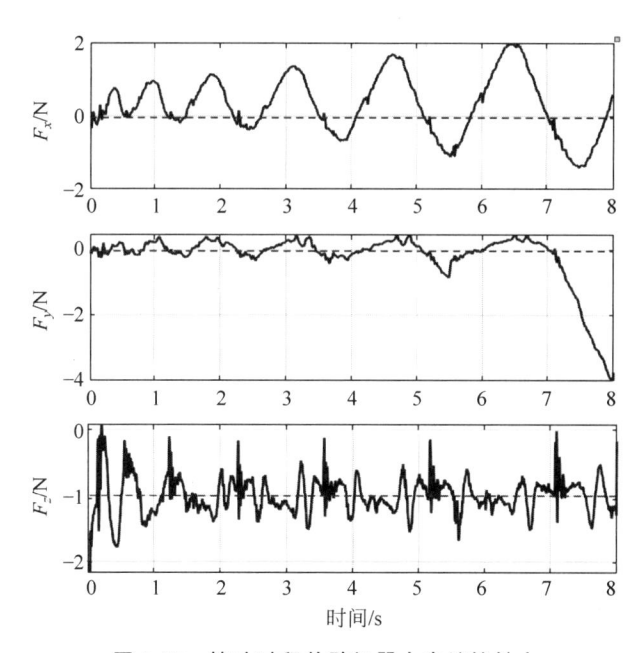

图 5-35 搜孔过程从臂机器人末端接触力

双臂机器人在螺旋搜孔过程中，从臂机器人末端接触面方向的受力（图 5-35 中表示为 F_x 及 F_y）沿期望力呈周期性变化，符合螺旋搜孔特征；法向接触力沿大小为 1N 的期望接触力波动，符合轴-孔零件在装配孔位附近不稳定接触状态下的运动受力特征。在柔顺控制算法的作用下，双臂机器人夹持 HDMI 零件的搜孔作业安全性与运动稳定性得到保证。

3. 双臂机器人柔顺插孔实验

搜索到孔的位置后,机器人在短暂的运动静止后进入柔顺插孔阶段。同样设定左臂用于模拟刚性平台(主臂),右臂以较柔的阻抗特性进行柔顺插孔任务(从臂)。插孔过程中,双臂机器人柔顺控制参数设定为

$$左臂:\begin{cases} \boldsymbol{M}=\{1,1,1,1,1,1\} \\ \boldsymbol{K}=\{120,120,120,0,0,0\} \\ \boldsymbol{B}=\{50,50,50,50,50,50\} \\ \boldsymbol{F}_d=\{0,0,-1.5,0,0,0\} \end{cases} \tag{5-25}$$

$$右臂:\begin{cases} \boldsymbol{M}=\{1,1,1,1,1,1\} \\ \boldsymbol{K}=\{30,30,30,0,0,0\} \\ \boldsymbol{B}=\{50,50,50,50,50,50\} \\ \boldsymbol{F}_d=\{0,0,-1.5,0,0,0\} \end{cases} \tag{5-26}$$

双臂机器人柔顺插孔过程如图 5-36 所示。

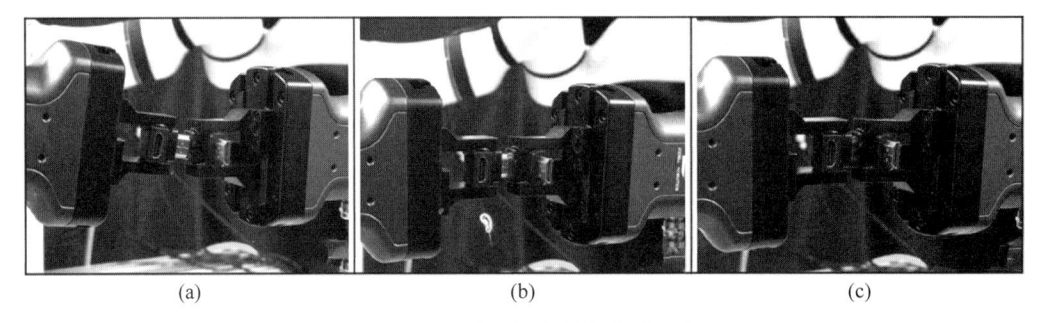

图 5-36 双臂机器人柔顺插孔过程

在搜孔结束阶段,轴-孔零件间已存在部分内部接触。从臂在期望接触力的作用下沿装配轴线方向运动。双臂协同作业为装配的插孔过程带来了优势,左臂和右臂的柔顺特性使得机器人在面临装配过程中的摩擦与阻力时可自主协同微动调姿,降低了轴-孔装配过程中卡阻现象发生的风险。以插孔法向力的稳定跟踪时长及平面正交力定值稳定时长为插孔判定依据,稳定的受力曲线标志着插孔任务的完成。双臂机器人插孔过程末端进给运动轨迹和接触力如图 5-37 和图 5-38 所示。

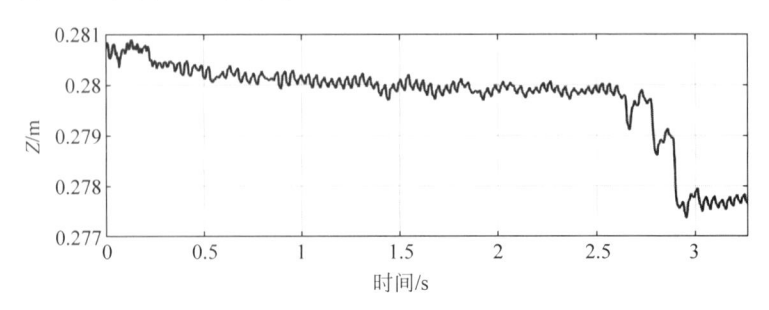

图 5-37 双臂机器人插孔过程末端进给运动轨迹

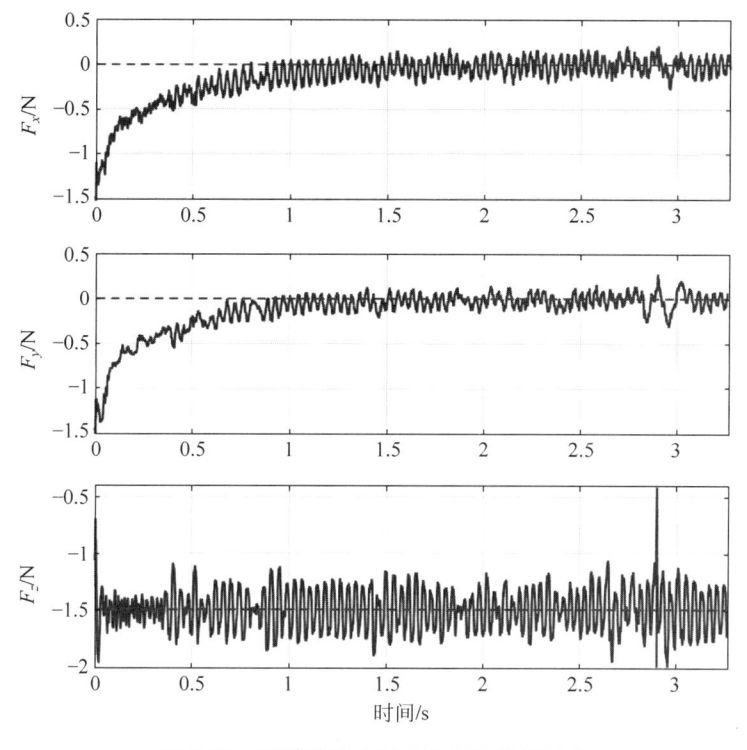

图 5-38　双臂机器人插孔过程末端接触力

结合图 5-37 和图 5-38 可以看出,在插孔的过程中,双臂机器人右臂根据轴孔之间的接触力实时调节机器人的末端位姿,使得双臂插孔过程末端接触力逐渐收敛于期望接触力,防止在装配过程中出现卡阻现象,最终实现双臂机器人的柔顺装配任务。

在柔顺插孔过程中,双臂机器人从臂末端接触力逐渐收敛于期望接触力,且整个插孔过程末端接触力的波动较小,法向实际接触力与期望接触力最大误差值为 0.5N。本书采用主臂刚-从臂柔双臂协调装配策略实现双臂机器人装配任务,在装配过程中主臂基于混合位置/力控制算法维持装配位姿的相对稳定,从臂采取柔性控制策略执行装配运动,通过双臂协同装配控制保障了双臂装配过程末端接触力的稳定性,降低了机器人自动化装配过程中的零件损毁风险。